U0288977

环境中有机污染物的分析及光催化降解研究

闫　蕊◎著

哈尔滨

图书在版编目（CIP）数据

环境中有机污染物的分析及光催化降解研究 / 闫蕊著. -- 哈尔滨 : 黑龙江大学出版社, 2023.8
ISBN 978-7-5686-1031-5

Ⅰ. ①环… Ⅱ. ①闫… Ⅲ. ①环境污染—光催化—降解—研究 Ⅳ. ①X5

中国国家版本馆 CIP 数据核字（2023）第 170284 号

环境中有机污染物的分析及光催化降解研究
HUANJING ZHONG YOUJI WURANWU DE FENXI JI GUANGCUIHUA JIANGJIE YANJIU
闫 蕊 著

责任编辑 于 丹
出版发行 黑龙江大学出版社
地　　址 哈尔滨市南岗区学府三道街 36 号
印　　刷 天津创先河普业印刷有限公司
开　　本 720 毫米×1000 毫米 1/16
印　　张 12.5
字　　数 205 千
版　　次 2023 年 8 月第 1 版
印　　次 2023 年 8 月第 1 次印刷
书　　号 ISBN 978-7-5686-1031-5
定　　价 49.80 元

本书如有印装错误请与本社联系更换，联系电话：0451-86608666。

版权所有 侵权必究

前　　言

本书首先研究了土壤样品中农药和邻苯二甲酸酯的萃取,通过对加速溶剂萃取条件的优化、对离子液体微萃取方法的改进以及条件的优化,建立了一些对复杂土壤样品更快速、高效、环保的前处理方法。针对环境中的有机污染物,在建立高效、简便的分析检测方法的基础上,本书继续选取典型有机污染物氯酚和嗪草酮作为研究对象,围绕无机含铋氧化物($BiOBr$、Bi_2O_3)和有机半导体($g-C_3N_4$)经典窄带隙光催化材料,通过发展不同的电荷分离调控策略,探索电荷调控策略对光催化剂电荷分离过程、自由基物种产生和降解机制的影响,从而为设计、制备针对有机污染物高效降解或选择性转化的高性能光催化材料体系提供了可行的策略及实践依据。环境中有机污染物的分析和治理处在同样重要的地位,建立有效的分析检测方法可以为接下来设计合成合理的光催化材料来治理环境污染提供更精准的数据支撑。主要结论如下:

1. 用微波辅助离子液体微萃取-高效液相色谱法测定土壤样品中的烯酰吗啉、苯噻酰草胺、稻瘟灵和噁草酮。该法首先将水和亲水性离子液体同时添加到土壤样品中,经过微波辅助萃取,再加入离子对试剂六氟磷酸铵,该离子对试剂的阴离子与亲水性离子液体的阳离子形成新的疏水性六氟磷酸盐离子液体,同时待测物被富集到新生成的离子液体相中,得到分离。该方法将不同性质的离子液体进行转化,使得对土壤样品中农药残留的萃取更简单、快速。

2. 用加速溶剂萃取-高效液相色谱串联质谱法测定土壤样品中的九种农药残留,用此法对环境土壤样品进行了分析,并与振荡萃取法和索氏萃取法进行了比较。试验结果表明,该方法萃取回收率高,溶剂消耗较少,萃取速度快,自动化程度高,操作安全可靠。

3. 用加速溶剂萃取-高效液相色谱串联质谱法,采用大气压化学电离源对土壤样品中十一种邻苯二甲酸酯进行测定，并与索氏萃取法和超声萃取法进行了比较。试验结果表明，该方法可以获得较高的回收率和较低的检出限，且可以达到较高的萃取温度，萃取效果更好，干扰更小，省时，省溶剂。

4. 采用超声辅助离子液体微萃取-高效液相色谱法测定土壤样品中磺酰脲类除草剂。超声辅助萃取是利用超声波在萃取过程中产生的强烈空化效应等多级效应，来加快萃取过程中的传质作用，从而提高萃取效率。该试验方法操作简单，快速，无污染。

5. 探究了不同电荷调控策略对无机含铋氧化物的电荷分离过程、反应活性物种及降解路线的影响。结果表明，对于 BiOBr 催化剂，磷酸修饰和 $BiPO_4$ 平台分别通过增加氧气吸附和作为高能级平台实现了对其光生电子的调控，促进了氧气活化，形成超氧自由基离子活性物种，从而提高了光催化降解氯酚的活性。对于 Bi_2O_3 催化剂，首先明确了其表面的铋与氯酚中的氯具有化学相互作用，促进了氯酚污染物的选择性吸附，从而实现了光生空穴直接进攻氧化氯酚的反应过程。在此基础上，通过宽带隙半导体材料（SnO_2 等）的引入进一步实现了对光生电子的调控，进一步促进了 Bi_2O_3 的光生电荷分离，从而增强了其选择性脱氯过程，提高了光催化活性且避免了含氯次生污染物的产生。

6. 系统比较了三种不同的电荷调控策略（磷酸修饰促进氧吸附、构建 Z 型异质结及引入适当能级平台）对有机半导体 $g-C_3N_4$ 的光催化性能、活性物种及反应路线的影响。结果表明，引入适当能级平台 TiO_2 的策略对 CN 光催化活性提升效果最佳，达到纯 $g-C_3N_4$ 样品的 6 倍。光物理和光化学机制研究结果表明，$TiO_2/g-C_3N_4$ 复合体活性提高可因归于 TiO_2 平台有效维持了电子的热力学还原能力且促进了电荷分离，从而诱导了羟基自由基和超氧自由基离子协同降解嗪草酮的双自由基进攻路径。纯 $g-C_3N_4$ 样品则是单一的羟基自由基进攻路径。通过中间产物分析得知，超氧自由基离子在光催化初始对引发降解起到了关键的作用，而羟基自由基对嗪草酮的最终矿化起着重要作用，二者互相协同有效地提高了 $g-C_3N_4$ 的可见光降解活性。

基于以上结论，有效调控光生电子，维持其热力学性能，促进电荷分离对后续活化氧自由基物种和降解过程机制具有重要的影响。因此，针对窄带隙光催化材料，通过结构设计和界面优化，促进界面电荷转移，有望提高其光催化降解典型有机污染物的活性。例如，通过复合二维超薄结构纳米氧化物，发展

$g-C_3N_4$ 基维度匹配的异质结复合体，并在此基础上引入适当能级平台，构建级联结构的电荷转移体系，实现对光生电荷分离及反应活性物种的高效调控；又如，通过对电子和空穴分别调控改变催化反应路径，促进中间产物的化学反应，从而避免污染物的矿化过程，使其转化为有价值的化学品，是理想的环境净化途径，具有非常重要的科学和现实意义；再如，针对含铋氧化物体系，通过脱氯得到酚类中间产物，并通过羟基自由基、超氧自由基离子等部分氧化得到醇、酮等小分子，再通过酯化等过程，将氯酚污染物转化为酰基酚等有价值中间产物，并深入认识其反应过程。

限于笔者水平和时间，本书中定会存在疏漏及不妥之处，恳请广大读者批评指正。

闫蕊

2023 年 6 月

目　　录

第1章 绪　　论

近年来,由于全球环境不断恶化,人类的生存和发展受到了威胁,其中水体及土壤污染问题由于具有影响范围广和影响程度深等特性,显得尤为突出。在水体及土壤中出现的污染物已经导致环境污染和退化。未经处理的污水被排放到水体中后,会使水质恶化、发臭,甚至产生水体富营养化、重金属污染等一系列问题,水生生物甚至人类的健康和发展都将受到危害。因此,分析及治理环境污染问题是当前人类面临的重大挑战。

环境中的污染物包括无机污染物和有机污染物。而有机污染物中还有一类因分解速度很慢、分解不彻底、在水中停留时间长、累积性强等特点被称为难降解有机污染物。针对环境中污染物种类多、污染范围广、危害严重的现状,有效地对其进行分析并降解是解决环境问题的关键。

农药残留是农药使用后一个时期内残留于生物体、收获物、土壤、水体、大气中的微量农药及有毒代谢物、降解物和杂质的总称。施用于作物上的农药,其中一部分附着于作物上,一部分散落在土壤、大气和水等环境中,环境中残存的农药的一部分又会被植物吸收。残留农药直接通过植物果实或水、大气到达人、畜体内,或通过食物链最终传递给人、畜。世界各国都存在着程度不同的农药残留问题。农药残留带来的危害首先是对健康的影响,食用残留大量高毒、剧毒农药的食物会导致人、畜急性中毒。长期食用农药残留超标的农副产品,可能引起人和动物的慢性中毒,导致疾病的发生,甚至影响到下一代。

有机污染物的样品分析过程一般由采集、前处理、检测和数据统计几个步骤组成。每一步对于获得准确的试验结果都很重要。前处理是分析过程中尤为关键的一步。前处理的主要作用就是实现待测物的分离、纯化和富集,对于一些待测物浓度低以及基质复杂的样品来说,在分析过程中要获得可靠的数据、较好的重现性和较高的灵敏度,前处理是至关重要的。基于前处理在分析过程中的重要地位,人们不断对其进行研究,以求找到更快速、高效、操作简便且环保的技术。

光催化氧化技术作为一种新型的利用太阳能来实现环境水处理的技术,已成功应用于水中典型有机污染物的光催化降解,并显示出优异的光催化活性。然而还存在一些亟待解决的问题严重制约着光催化技术的实用化进程,特别是光催化剂光生电荷分离能力差导致其活性较差的问题亟待解决。为此,人们开发了多种有效促进电荷分离的策略,提高光生电荷的分离效率。这些手段都可以明显提高材料的电荷分离效率,但是还缺少横向的比较。特别是对分离的电子和空穴后续催化活性与污染物降解机制等的关系,还缺乏细致的比较研究。因此,围绕窄带隙的氧化物(如 BiOBr、Bi_2O_3 和有机半导体 g-C_3N_4)通用的促进电荷分离策略,利用液相色谱-质谱联用等手段,重点研究不同的促进电荷分离策略对活性自由基产生和后续降解路径的影响,能够为制备高活性宽光谱响应纳米光催化材料并用于降解环境有机污染物提供理论和试验依据。

1.1 环境中有机污染物

环境中常见的典型有机污染物主要有氯酚类、环境激素类、农药类等。这些污染物来源广泛,包括染料生产、农药生产、焦化、造纸、制药、塑料制品生产、食品加工、化妆品生产等不同工业过程。大部分有机污染物为人工合成,化学性质稳定,甚至有些还具“三致”作用(即致突变、致癌、致畸作用)。

这些典型有机污染物也因为在水中具有毒性大、持久性强、能够长距离迁移、可转化的特点,容易通过食物链富集进入生物体内,通过不断积累放大,最终引发各类疾病,给动物尤其是人类的生存带来极大威胁。目前许多研究结果均提示重金属、持久性有机污染物等环境毒物对于儿童神经发育具有不良影响。在胎儿期及婴儿期等神经发育的关键阶段,环境毒物暴露可对大脑造成永久性损伤,进而影响其认知功能。而且环境毒物导致孤独症谱系障碍发病的机制已被初步揭示。因此,治理水污染迫在眉睫。

1.1.1 氯酚类

氯酚是一类对自然环境及人类健康具有严重危害的污染物,是合成有机化工产品的重要原料之一,因此也经常在工业废水中检测到。其常存在于杀菌(防腐)剂中,起到杀菌、防腐作用。常用药物的原料同样也包含了一定量的氯酚,且自来水氯化消毒时也可以间接产生少量氯酚。氯酚经污水排放、焚烧等途径排放到环境中,土壤及水体则是氯酚主要的储存媒介,且其能够长期稳定地存在。氯酚进入生物体内,可使许多器官受到损害,延缓胚胎发育,抑制生物代谢过程,且能在生物体内不断累积,甚至会引发癌症、畸形或者基因突变。目前,在地表水、地下水、土壤和底泥沉积物质中常常能检测出氯酚,甚至在城市自来水和生活污水中也可以检测到,浓度可达到 1~21 mg · L^{-1}。氯酚的污染呈现全球性的趋势。世界上许多流域均发现了氯酚污染的存在。研究人员在加拿大的苏必利尔湖中检出了二氯苯酚(4 mg · L^{-1})和三氯苯酚(13 mg · L^{-1});在芬兰的居民生活用水中和荷兰的生活饮用水中也发现了氯酚。现在我国已将氯酚类污染物列入《国家危险废物名录》,相关环境类标准也对其超标含量做出了明确的规定。在国外,美国国家环保署、美国《应急计划与社区知情权法案》以及欧洲环境署也将其列入了优先控制污染物名单之中。氯酚污染物所带来的危害成为全球重点关注的问题,高效降解氯酚类污染物成为解决环境和人类健康问题的重要策略。因此,如何实现氯酚污染物的高效降解则成为科学家们一直思考和研究的问题。

氯酚的结构通式如图 1-1 所示,苯环上的 1 个或多个氢原子被不同个数的氯原子所取代,组成了氯酚的基本结构。根据氯取代基个数及取代位置的不同,可将氯酚类污染物分为五大类,共 19 种。氯酚类化合物由于受到苯环上的电子云密度的影响,其结构十分稳定。氯原子具有较强的吸电子能力,使苯环上的 π 电子云发生偏移,向氯原子处富集,从而降低了苯环上的电子云密度,使其失电子能力减弱,从而使得苯环结构十分稳定。此外,氯原子位于 p 轨道的电子易与苯环上的 π 轨道电子形成共轭体系,形成非常稳定的碳—氯键。稳定的碳—氯键和苯环导致其很难被降解,从而能在环境中长期稳定地存在,这也为高效降解氯酚增加了难度。因此,氯酚类污染物降解的关键在于脱氯。

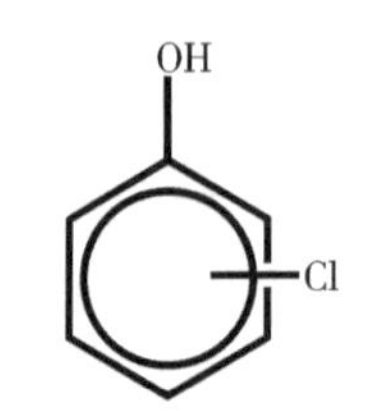

图 1-1 氯酚的结构通式

1.1.2 环境激素类

环境激素(environmental hormone),也叫环境内分泌干扰物(environmental endocrine disruptor,EED),是一种污染范围更广、影响更大、污染时效更长的典型难降解有机污染物。它不仅结构稳定,而且毒性较大,被释放到环境中,通过摄入、积累等多种途径,给生物体带来不良影响,还具有较强脂溶性和不易降解性,一旦进入生物体就难以分解,也难以排出,引起动物和人类的代谢和生殖障碍。调查研究结果表明,环境激素类物质能够引起生物与人体的性激素分泌量及活性下降、生殖器官异常、癌症等发病率增加,继而影响人体的生殖能力和后代的健康水平与成活率。因此,环境激素类污染使生物的持续生存和繁衍受到威胁。环境激素类污染物的存在还会对人体的肝、肾等造成危害,干扰器官分泌维持人体平衡的正常内分泌物,影响人体调节功能。其中,多环芳烃(PAH)在人体内会激活细胞中的氧化酶反应;多氯联苯(PCB)主要作用于人体神经系统和内脏器官,会产生麻痹和病理性的改变。据统计,目前已知的环境激素类污染物有 100 多种,并且不断有新的化学物质陆续被归入其中。

邻苯二甲酸酯(PAE)是环境激素类污染物中的一类。它们主要用作增塑剂,以增大塑料的可塑性和强度。在塑料中邻苯二甲酸酯与聚烯烃类塑料分子之间由氢键或范德瓦耳斯力连接,彼此保留各自相对独立的化学性质,因此随着时间的推移,邻苯二甲酸酯可由塑料中迁移到外环境,造成对空气、水和土壤的污染。近年来,随着工业生产和塑料制品的使用,邻苯二甲酸酯不断进入环境,普遍存在于土壤、底泥、生物等环境样本中,几乎在我们生活环境中无所不在,对整个生态环境造成了很大的污染。张蕴晖等对环境样本中的邻苯二甲酸酯类物质进行了测定和分析,结果表明,邻苯二甲酸酯在各环境中的含量从小到大的顺序为在水中的含量、在土壤中的含量、在底泥中的含量、在水生生物中的含量,而且不同生物对邻苯二甲酸酯的富集程度也不同。美国国家环保署将邻苯二甲酸二甲酯(DMP)、邻苯二甲酸二乙酯(DEP)、邻苯二甲酸二丁酯(DNBP)、邻苯二甲酸丁基苄酯(BBP)、邻苯二甲酸二辛酯(DNOP)、邻苯二甲酸二(2-乙基己基)酯(DEHP) 6 种邻苯二甲酸酯列为优先控制污染物。我国也将邻苯二甲酸二甲酯、邻苯二甲酸二丁酯和邻苯二甲酸二辛酯列入"水中优先控制污染物黑名单"。国标 GB 3838—2002《地表水环境质量标准》规定集中式生活饮用水地表水源地特定项目中邻苯二甲酸二丁酯和邻苯二甲酸二(2-乙基己基)酯的标准限值分别为 0.003 $mg \cdot L^{-1}$ 和 0.008 $mg \cdot L^{-1}$;国标 GB 5749—2022《生活饮用水卫生标准》规定生活饮用水水质非常规指标中邻苯二甲酸二甲酯限量值为 0.008 $mg \cdot L^{-1}$。邻苯二甲酸酯可以经过消化系统、呼吸系统及皮肤接触等途径进入人体。邻苯二甲酸酯除了已知的致畸、致癌和致突变性外,其作为环境激素将影响人体内分泌,产生慢性危害,主要表现在生殖毒性和发育毒性两方面。生殖毒性主要是与睾丸细胞等作用,干扰雄性激素合成。邻苯二甲酸酯暴露可干扰下丘脑-垂体-睾丸轴负反馈调节系统,抑制性激素受体的表达,干扰雄性激素代谢通路,通过诱导氧化应激和细胞凋亡等途径对动物雄性生殖系统造成损伤;此外,邻苯二甲酸酯暴露还可改变锌指蛋白 1(JAZF1)、PIWI 蛋白和 SF-1 蛋白等的表达,损伤雄性生殖功能。生育毒性是通过影响胎盘脂质及锌代谢影响胚胎发育。徐廷云等对某一地区不育男性精液中的邻苯二甲酸酯进行了分析检测,分析结果表明,不育男性的精液中邻苯二甲酸酯的总量高于正常生育男性,得出邻苯二甲酸酯的蓄积可能是男性不育的原因之一的结论。

对邻苯二甲酸酯的前处理方法有很多,根据基质不同,处理方法有所不同。对于环境中的样品,普遍采用索氏萃取法、超声萃取法、微波萃取法、液-液萃取法、液-液微萃取法、固相萃取法和固相微萃取法等;而对于食品等样品,由于基质更为复杂,前处理手段不拘泥于一种。为了能够更好地除掉基质干扰,会同时采用几种方法对样品进行处理。

邻苯二甲酸酯的测定多采用高效液相色谱法、气相色谱法、气相色谱-质谱联用(GC-MS)法和液相色谱-串联质谱联用(LC-MS/MS)法。而且由于环境样品基质复杂,污染物较多,采用高效液相色谱法和气相色谱法根据保留时间进行定性时,经常受到基质的干扰,产生假阳性。串联质谱法的采用,可以很大程度地去除基质干扰,较为准确地定性和定量。刘正丹等采用超声萃取-气相色谱-质谱联用法测定大气颗粒物 PM_{10} 和 $PM_{2.5}$ 中邻苯二甲酸酯类化合物,16种邻苯二甲酸酯类化合物均能准确定量,并且此方法操作简单,测定成本低,可应用于大气颗粒物中邻苯二甲酸酯类化合物的定量分析。王桂珍等采用气相色谱-质谱联用法,创建土壤中邻苯二甲酸酯类化合物便捷有效的测试方法。采用加压流体萃取土壤中邻苯二甲酸酯类化合物,与液-液萃取法、振荡萃取法、旋转蒸发浓缩法、超声萃取法、索氏萃取法等前处理方法相比,可以实现自动化、便捷化操作,大大节约了前处理时间,同时减少人为接触,适于批量土壤样品的分析测定。

基于以上分析可知,建立一种对邻苯二甲酸酯的简便、有机溶剂用量少、周期短的前处理方法并结合质谱进行测定尤为重要。

1.1.3 农药类

1.1.3.1 农药简介

农药是指在农业生产中通过杀虫、杀菌、除杂草等方式保护农作物,提高产量的药剂。农药在自然条件下不能完全降解,仍有部分残留在农作物机体与环境中,当人食用农药残留量大于最大允许摄入量的农作物时,人体健康就会受到影响,甚至中毒,因此农药残留在全世界范围内都是热点问题。

1.1.3.2 农药的分类

土壤中残留的农药可分为除草剂、杀虫剂和杀菌剂等。常见的除草剂有三嗪类除草剂、磺酰脲类除草剂,以及苯噻酰草胺、乙草胺、丙草胺、喹禾灵和噁草酮等。

嗪草酮(MET)属于三嗪类,是迄今为止使用量最大、使用最久的一种除草剂,主要用于各种农作物中阔叶杂草的芽前和芽后控制,它的作用方式是基于对光合作用的抑制,阻断光系统Ⅱ的希尔反应中的电子传输。其结构式如图 1-2 所示。研究表明,嗪草酮还具有环境激素类物质的特性,长期接触并在身体里富集可能伤及人的中枢神经系统、免疫系统甚至生殖机能，并造成新生儿出生缺陷，引发癌症等。这种选择性除草剂具有很好的水溶性（1 200 mg · L^{-1}，20 ℃），即具有更大的径流和浸出潜力，从而导致地表和地下水污染。正是由于嗪草酮在土壤、水源中易于迁移，其残留对天然水生生态系统存在巨大的威胁，并可能产生长期的环境问题。

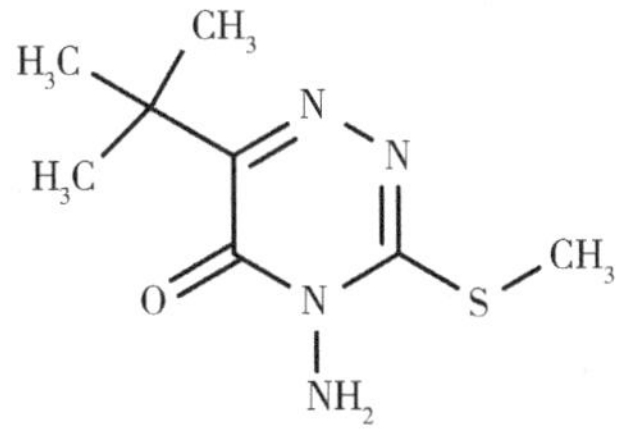

图 1-2　嗪草酮的结构式

根据 Albuquerque 等的研究，巴西地表和地下水中的嗪草酮污染与大豆、玉米和棉花生产有关，在 113 个淡水样本中，有 20 个样本检测到嗪草酮，浓度为 3~8 ng · L^{-1}。同时在西班牙、希腊、美国和澳大利亚地表水中均检测到嗪草酮，其浓度低于 0.5 μg · L^{-1}。

磺酰脲类除草剂由芳环、磺酰脲桥和杂环三部分组成，为内吸传导型选择性除草剂，通过作用于杂草体内的乙酰乳酸合成酶抑制杂草根和幼芽顶端生长，从而达到杀死杂草的目的。磺酰脲类除草剂广泛用于防除稻田、大豆田、玉米田、小麦田、油菜田等中的杂草。其在环境中的残留具有一定的持久性，同样对动物和人类存在隐患。因此探明土壤中磺酰脲类除草剂的残留量，特别是寻找出高灵敏度的残留量分析方法对控制其残留具有重要的意义。

常见杀虫剂有克百威和甲氰菊酯等，常见杀菌剂有烯酰吗啉和稻瘟灵等，这些农药的化学参数见表 1-1。

表 1-1 农药的化学参数

农药名称	化学式、相对分子量	性质	作用、毒性	作用方式	适用作物
克百威 carbofuran	$C_{12}H_{15}NO_3$ 221.2	纯品为白色结晶,无臭,水中的溶解度低,可溶于多种有机溶剂,但溶解度不高,难溶于二甲苯、石油醚、煤油	杀虫剂,高毒	与胆碱酯酶不可逆结合,能被植物根部吸收,并输送到植物各器官,以叶缘最多	水稻、棉花、烟草、大豆、甘蔗
烯酰吗啉 dimethomorph	$C_{21}H_{22}ClNO_4$ 387.8	无色晶体,在暗处稳定贮存 5 年以上,在日光下 E-异构体和 Z-异构体互变(仅 Z-异构体有杀菌力),水解很缓慢	专一杀卵菌纲真菌杀菌剂,低毒	破坏细胞壁膜的形成,对卵菌生活史的各个阶段都有作用,在孢囊梗和卵孢子的形成阶段尤为有效	蔬菜、烟草
苯噻酰草胺 mefenacet	$C_{16}H_{14}N_2O_2S$ 298.3	无色结晶,易溶于有机溶剂,对热、酸、碱、光稳定	选择性内吸传导型除草剂,低毒	主要通过芽鞘和根吸收,经木质部和韧皮部传导至杂草的幼芽和嫩叶,阻止杂草生长点细胞分裂伸长,最终造成杂草植株死亡	大米
稻瘟灵 isoprothiolane	$C_{12}H_{18}O_4S_2$ 290.3	纯品为白色结晶,略有臭味,对光、温度、pH 值 3~10 均稳定,在水中、紫外线下不稳定	杀菌剂,低毒	能够被水稻各部位吸收,并累积到叶部组织,从而发挥药效	水稻

续表

农药名称	化学式、相对分子量	性质	作用、毒性	作用方式	适用作物
乙草胺 acetochlor	$C_{14}H_{20}ClNO_2$ 269.8	纯品为淡黄色液体,性质稳定,不易挥发和光解,不溶于水,易溶于有机溶剂	选择性芽前除草剂,高毒	主要通过单子叶植物的胚芽鞘或双子叶植物的下胚轴吸收,吸收后向上传导,主要通过阻碍蛋白质合成而抑制细胞生长,使杂草幼芽、幼根生长停止,进而死亡	玉米、棉花、豆类、花生、油菜、大蒜、烟草、蓖麻、大葱
丙草胺 pretilachlor	$C_{17}H_{26}ClNO_2$ 311.8	纯品为无色液体,易溶于大多数有机溶剂,常温贮存2年稳定	选择性芽前除草剂,细胞分裂抑制剂,中毒	杂草种子在发芽过程中吸收药剂,根部吸收较差,只能用于芽前土壤处理	水稻
喹禾灵 quizalofop	$C_{19}H_{17}ClN_2O_4$ 372.8	原药为白色或灰褐色粉末,正常条件下贮存稳定,燃烧产生有毒氮氧化物和氯化物气体	苯氧脂肪酸类除草剂,中毒	药剂在禾本科杂草与双子叶作物间有高度选择性,茎叶可在几小时内完成对药剂的吸收,一年生杂草在24 h内可传遍全株	棉花、大豆、油菜、花生、亚麻、苹果、葡萄、甜菜

续表

农药名称	化学式、相对分子量	性质	作用、毒性	作用方式	适用作物
噁草酮 oxadiazon	$C_{15}H_{18}Cl_2N_2O_3$ 345.2	易溶于有机溶剂,正常条件下稳定	选择性芽前、芽后除草剂,对人畜低毒	主要通过杂草幼芽或茎叶吸收,对萌发期的杂草效果最好,随着杂草长大而效果下降,对成株杂草基本无效	水稻、大豆、棉花、甘蔗
甲氰菊酯 fenpropathrin	$C_{22}H_{23}NO_3$ 349.4	纯品为白色结晶,原药为棕黄色液体,对光、热、潮湿稳定,在碱性溶液中不稳定,常温贮存 2 年稳定,难溶于水,溶于丙酮、环己烷、甲基异丁酮、乙腈、二甲苯、氯仿等有机溶剂	菊酯类杀虫剂,高毒	作用于昆虫的神经系统,使昆虫过度兴奋、麻痹而死亡	棉花、果树、茶树、蔬菜
烟嘧磺隆 nicosulfuron	$C_{15}H_{18}N_6O_6S$ 410.4	纯品为无色晶体,易溶于水	内吸性除草剂,低毒	可为杂草茎、叶和根部所吸收,随后在植物体内传导,造成敏感植物生长停滞、茎叶褪绿、逐渐枯死,一般情况下 20~25 天死亡	水稻、玉米

续表

农药名称	化学式、相对分子量	性质	作用、毒性	作用方式	适用作物
甲磺隆 metsulfuron-methyl	$C_{14}H_{15}N_5O_6S$ 381.3	白色结晶，水中溶解度因 pH 值而异，在酸性溶液中不稳定，45 ℃降解更迅速，25 ℃在中性和碱性溶液中稳定	超低用量超高效磺酰脲类除草剂，支链氨基酸合成抑制剂，低毒	杂草根部和叶片吸收后，在植株体内传导很快，可向顶部和基部传导，在数小时内迅速抑制植物根和新梢顶端的生长，3~14 天植株枯死	小麦
苄嘧磺隆 bensulfuron-methyl	$C_{16}H_{18}N_4O_7S$ 410.4	纯品为白色无臭固体，易溶于有机溶剂，在微碱性(pH=8)水溶液中稳定，在酸性溶液中缓慢分解	选择性内吸传导型除草剂，低毒	药剂在水中迅速扩散，经杂草根部和叶片吸收后转移到其他部位，阻碍支链氨基酸生物合成，敏感杂草生长机能受阻，幼嫩组织过早发黄，抑制叶部、根部生长	水稻、小麦
吡嘧磺隆 pyrazosulfuron-ethyl	$C_{14}H_{18}N_6O_7S$ 414.4	原药为灰白色晶体，易溶于有机溶剂，正常条件下贮存稳定	磺酰脲类除草剂，为选择性内吸传导型除草剂	主要通过根系被吸收，在杂草植株体内迅速转移，抑制生长，杂草逐渐死亡，药效稳定，安全性高，持效期 25~35 天	水稻

1.2 加速溶剂萃取法

20世纪末，Richter等介绍了一种全新的溶剂萃取方法，即加速溶剂萃取（accelerated solvent extraction，ASE）法。它是一种固体或半固体样品预处理技术，是通过提高萃取剂的温度（较常压下的沸点高50～200 ℃）和压强（10.3～20.6 MPa），增加物质溶解度和溶质扩散速率，提高萃取效率。加速溶剂萃取法突出的优点是整个操作处于密闭系统中，可减少溶剂挥发对环境的污染，有机溶剂用量较小，速度快，回收率高，萃取条件受基质影响小，自动化程度高。

根据被处理样品的易挥发程度，加速溶剂萃取法可采取两种方式对样品进行处理，即预加热法（preheat method）和预加入法（prefill method）。预加热法是在向萃取池中加入有机溶剂前先将萃取池加热；而预加入法则是在萃取池加热前先将有机溶剂注入。预加热法适用于不易挥发的样品，预加入法主要是为了防止易挥发组分的损失。样品的萃取方式也可分两种，即动态萃取和静态萃取。动态萃取是指在样品萃取过程中，在达到萃取的温度及压力的条件下，萃取液动态流过样品，以保持萃取液的新鲜；静态萃取则是指萃取液与样品比例一定，在一定的压力及温度下于萃取池里进行萃取，直到萃取完成时，打开控制阀，使溶液流到收集瓶中。静态萃取时间越长，萃取效率越高。对难萃取的样品还可以通过增加静态萃取循环次数的方式提高萃取效率。

1.2.1 加速溶剂萃取法的工作原理

在加速溶剂萃取过程中，萃取参数对萃取过程的影响是基于待测物从基质传输到溶剂的几个步骤。首先溶剂快速进入粒子核，目标物质从基质活性位点脱附，通过溶胀的有机材料逐步扩散，在基质和溶剂界面反复溶剂化，最终通过静态溶剂在多孔基质及停滞溶剂层进一步扩散，萃取到溶剂中。根据Richter等的研究，加速溶剂萃取比一般在常温、常压下所进行的萃取效果好的原因，主要可以从溶解度和质量转移效应以及与表面平衡的瓦解效应来理解。

1.2.1.1 溶解度和质量转移效应

提高萃取温度可以增加待测物在溶剂中的溶解度，而且会加快溶质在溶剂中的扩散速率。在萃取的过程中,溶液中待测物的浓度从基质表面到萃取池内呈现一个浓度梯度,浓度梯度的落差越大,其质量转移就越快。若在萃取的过程中不断提供新鲜的溶剂(如同索氏萃取),使浓度梯度保持在最大的状态,就可以增加质量转移的速度,进而提高萃取的速度。

1.2.1.2 表面平衡的瓦解效应

该效应中,温度和压力都是非常重要的参数。

(1)温度

加速溶剂萃取过程中,升高温度可以提高待测物的溶解能力,减弱基质与待测物间的作用力,加快待测物从基质中解吸并进入溶剂的过程,降低溶剂黏度,有利于溶剂分子向基质中扩散。此外,升高温度还可以降低溶剂、溶质和基质的表面张力,使溶剂更易浸湿样品基质,从而增强萃取的效果。

(2)压力

在高压下,物质的沸点升高,溶液在较高温度下仍保持在液态,可以使用更高的温度进行萃取。高压可以将溶剂推到样品基质的孔洞中,并将常压下被困留于孔洞中的溶质萃取出来。因此,整个萃取过程使用极少的溶剂,时间也很短。

1.2.2 影响加速溶剂萃取效率的因素

影响加速溶剂萃取效率的因素包括萃取溶剂、萃取温度、萃取压力、萃取循环次数、萃取时间及热降解等。

1.2.2.1 萃取溶剂

萃取溶剂需要能够不受样品基质干扰地溶解待测物,通常所选择的萃取溶剂或混合溶剂的极性应与待测物的极性接近。一般来说,适合于传统萃取方法的溶剂都能用于加速溶剂萃取中。同时,萃取液与其他分析技术之间的兼容性、萃取液的浓度(溶剂的挥发性)、溶剂消耗量等因素也需要综合考虑。由于加速溶剂萃取高温高压的特点,一些在室温条件下萃取效果不理想的溶剂在加速溶剂萃取条件下可能会有很好的效果。许多水溶液和缓冲溶液也能在加速溶剂萃取中应用。由于强酸对萃取系统会有腐蚀,一般不使用强酸性溶剂,如盐酸、硝酸和硫酸。必要的时候可以使用乙酸或磷酸等弱酸性溶剂,但它们在溶液中的比例最好控制在10%以内。

1.2.2.2 萃取温度

萃取温度是加速溶剂萃取中最重要的参数。升高温度能降低溶剂的黏度,使其具有更强的渗透力,同时破坏待测物与基质之间的作用力,使待测物更快地从基质中溶解和解吸出来。提高温度还可使溶剂溶解待测物的量增加。研究表明,温度从25 ℃增至150 ℃,溶剂的扩散系数增加2~10倍,溶剂和样品基质之间的表面张力降低,溶剂可以更好地浸润样品基质,更有利于与待测物接触。溶解量的增加和溶剂扩散速度的加快,都有利于提高萃取效率。

1.2.2.3 萃取压力

由于液体的沸点一般随压力的升高而提高,适当地增加压力能使溶剂在温度高于沸点时仍保持液态,而且能加快萃取过程。

1.2.2.4 萃取循环次数

在萃取过程中可以采用一个或多个萃取循环。增加萃取循环次数对提高高浓度样品和难渗透样品的萃取效率非常适合。

1.2.2.5 萃取时间

某些样品基质能将待测物束缚在基质的小孔或其结构内。延长萃取时间,可以使待测物充分扩散到萃取溶剂里面,使萃取更加完全。为实现完全高效的萃取,萃取时间和萃取循环次数的影响可以同时考虑。

1.2.2.6 热降解

加速溶剂萃取是在高压下加热,高温的时间一般少于10 min,因此,热降解不明显。

1.2.3 加速溶剂萃取仪

加速溶剂萃取仪由溶剂、泵、气路、加热炉、萃取池和收集瓶等构成，如图1-3所示。其工作流程如下：1. 加溶剂于萃取池中；2. 加热并加压；3. 静态浸湿；4. 用新鲜溶剂冲洗；5. 循环重复3和4；6. 用氮气清洗。

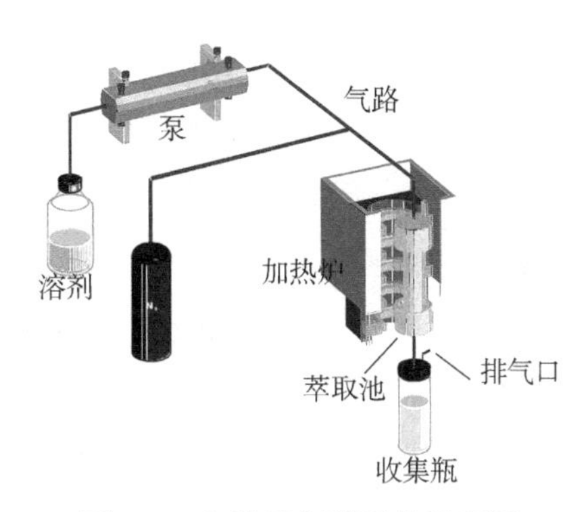

图1-3 加速溶剂萃取仪示意图

1.2.4 加速溶剂萃取法应注意的问题

1.2.4.1 研磨

为保证萃取快速、高效，待测物需要和萃取溶剂充分接触。分析样品的表面积越大，萃取的速度越快，效率越高。通常萃取所用的样品要研磨至粒径0.5 mm以下。

1.2.4.2 分散

样品细微颗粒的团聚对萃取很不利，这时需要在萃取过程中引入一些惰性物质，如沙子或硅藻土等分散剂。

1.2.4.3 干燥

样品中所含的水分能阻止待测物与非极性有机萃取溶剂之间的充分接触。

虽然可以采用极性有机溶剂(如丙酮、甲醇等)或混合溶剂(如正己烷-丙酮、二氯甲烷-丙酮)来萃取,但最直接有效的方式是在萃取前将样品干燥处理。通常可以直接在样品中加入一些干燥剂,如硅藻土或纤维素,硅藻土适合于组织样品的干燥,而纤维素则适用于潮湿的、软性的基质,如水果或蔬菜等样品。

1.2.5 加速溶剂萃取法在环境分析中的应用

尽管加速溶剂萃取法是近年来发展起来的新技术,但由于其突出的优点,已受到分析化学界的极大关注。加速溶剂萃取法已在环境、药物、食品和聚合物工业等领域得到广泛应用,特别是环境分析中。

环境样品中污染物含量一般不高,且样品种类涉及面广,样品处理较为复杂。何漪等采用加速溶剂萃取-离子色谱法测定大气颗粒物中的草甘膦,以超纯水为萃取溶剂,在 50 ℃、10 MPa 压强下萃取 10 min,回收率为 91.9%~98.6%,最低检出限为 0.002~0.050 pg · m^{-3}。许杉等人采用加速溶剂萃取法测定土壤和大气颗粒物中的多环芳烃和邻苯二甲酸酯,以正己烷-丙酮(体积比 1∶1)混合溶剂作为萃取剂进行加速溶剂萃取,大气颗粒物和土壤中多环芳烃和邻苯二甲酸的最佳萃取循环次数分别为 3 次和 2 次。这两类有机物萃取循环次数的差别很可能与其和颗粒相的结合程度有关,而结合程度又与污染物的来源有关。使用加速溶剂萃取法萃取土壤中多环芳烃和邻苯二甲酸的效果略好于索氏萃取法,而颗粒物中两种萃取方法结果则非常接近。李钟瑜等利用加速溶剂萃取-气相色谱-质谱法同时测定土壤中的 21 种有机氯农药。使用加速溶剂萃取仪在 80 ℃下,以正己烷-丙酮(体积比 5∶1)混合溶剂静态提取土壤样品 8 min;提取液经 Florisil 小柱净化后以正己烷-丙酮(体积比 19∶1)洗脱;气相色谱-质谱法以选择离子监测模式(SIM)测定。试验结果表明,三种浓度水平的加标回收率在 82.6%~114%之间,相对标准偏差在 0.70%~9.76%之间,检出限为 0.1~0.5 μg · kg^{-1}。该方法简便、快速、准确,重现性好,符合土壤中有机氯农药分析要求。

加速溶剂萃取法在环境分析中的应用示例可见表 1-2。

表 1-2 加速溶剂萃取技术在环境分析中的应用

分析物	母体	分析方法	萃取溶剂	萃取条件	检出限	回收率和相对标准偏差
多环芳香烃	废气	HPLC	丙酮和二氯甲烷（体积比 1：1）	10.3 MPa，100 ℃ 静态时间：5 min	0.003~0.100 $ng \cdot m^{-3}$	62.5%~107.5% RSD：2.7%~8.9%
多环芳香烃	大气颗粒物	GC-MS	丙酮和正己烷（体积比 1：1）	10.3 MPa，100 ℃ 静态时间：5 min 循环：2	1.875~5.944 $ng \cdot g^{-1}$	92.00%~97.33% RSD：1.14%~6.89%
多环芳香烃	纺织品	GC-MS	甲苯噁唑辛	10.3 MPa，100 ℃ 静态时间：10 min 冲洗体积：60% 冲洗时间：120 s 循环：2	50 $ng \cdot g^{-1}$	88.5%~105.0% RSD：1.0%~4.8%
多环芳香烃	熏鱼	GC-MS	正己烷和二氯甲烷（体积比 85：15）	10.3 MPa，100 ℃ 静态时间：5 min 冲洗体积：100% 冲洗时间：60 s 循环：2	0.3~5.3 $ng \cdot g^{-1}$	53%~108% RSD：0.2%~4.4%

续表

分析物	母体	分析方法	萃取溶剂	萃取条件	检出限	回收率和相对标准偏差
多环芳香烃	皮革	GC-MS	正己烷	10.3 MPa，120 ℃ 静态时间：5 min 冲洗体积：60% 冲洗时间：100 s 循环：1	0.20 μg · mL^{-1}	≥80% RSD≤5%
多氯联苯	河口和沿海沉积物	LC-MS/MS	正己烷和丙酮（体积比 1：1）	10.3 MPa，60 ℃， 静态时间：5 min 冲洗体积：60% 冲洗时间：100 s 循环:2	0.08~0.80 ng · g^{-1}	67.9%~97.3% RSD：1.07%~8.61%
吡咯类杀虫剂	烟	LC-MS/MS	甲醇和水（体积比 98：2）	10.3 MPa，100 ℃， 静态时间：5 min 冲洗体积：60% 冲洗时间：100 s 循环：2	0.5~5.0 ng · g^{-1}	76.3%~103.6% RSD：1.87%~7.48%

续表

分析物	母体	分析方法	萃取溶剂	萃取条件	检出限	回收率和相对标准偏差
增塑剂	土壤	QuEChERS-GC/MS	己烷饱和乙腈	1.0 MPa，60 ℃ 静态时间：5 min 冲洗体积：60% 冲洗时间：90 s 循环：3	0.01～0.05 $\mu g \cdot g^{-1}$	72.8%～116.2% RSD：1.73%～6.15%
抗生素	土壤	HPLC-MS/MS	甲醇和乙腈（体积比 2∶1）	8.274 MPa，95 ℃ 静态时间：4 min 冲洗体积：70% 冲洗时间：120 s 循环：5	0.004～0.019 $ng \cdot g^{-1}$	83.8%～105.0% RSD：1.73%～6.15%
草甘膦	大气层	ELCD-ICP	纯水	10.0 MPa，50 ℃ 静态时间：10 min 冲洗体积：60% 冲洗时间：100 s 循环：2	0.002～0.050 $\mu g \cdot mL^{-1}$	95.92%～106.40% RSD：2.59%～6.02%

续表

分析物	母体	分析方法	萃取溶剂	萃取条件	检出限	回收率和相对标准偏差
多氯化萘	土壤	GC-MS/MS	正己烷和二氯甲烷（体积比 1∶1）	2.0 MPa，100 ℃ 静态时间：10 min 冲洗体积：70% 循环：2	0.009~0.040 $ng \cdot g^{-1}$	70%~128% RSD：4.2%~23.0%
拟除虫菊酯	土壤	GC-MS/MS	乙酸乙酯和正己烷（体积比 2∶3）	10.2 MPa，85 ℃ 静态时间：10 min 冲洗体积：50% 冲洗时间：40 s 循环：3	0.005~0.012 $\mu g \cdot g^{-1}$	78.6%~97.3% RSD：<5%
三氯生、三氯卡班	土壤	HPLC-MS/MS	正己烷和二氯甲烷（体积比 1∶1）	10.2 MPa，85 ℃ 静态时间：10 min 冲洗体积：50% 冲洗时间：40 s 循环：3	0.000 2~0.003 0 $ng \cdot g^{-1}$	90.3%~99.8% RSD：1.2%~8.5%

续表

分析物	母体	分析方法	萃取溶剂	萃取条件	检出限	回收率和相对标准偏差
多环芳烃	土壤	GC-MS	丙酮和正己烷(体积比 1∶1)	10.2 MPa, 110 ℃ 静态时间: 7 min 冲洗体积: 60% 冲洗时间: 90 s 循环: 3	0.12~0.37 $ng \cdot g^{-1}$	43.1%~131.0% RSD: 4.86%~7.83%
乙草胺	土壤	GC-MS/MS	丙酮和正己烷(体积比 1∶1)	10.2 MPa, 100 ℃ 静态时间: 6 min 冲洗体积: 60% 冲洗时间: 60 s 循环: 3	0.13 $ng \cdot g^{-1}$	89.3%~102.1% RSD: 2.9%~4.1%

1.3 液相微萃取法

液相微萃取(liquid phase microextraction,LPME)法是20世纪90年代发展起来的一种新型的样品前处理技术,是由Jeannot和Cantwell提出的。液相微萃取法的基本原理是建立在样品与微升级的萃取溶剂之间的分配平衡基础上的,即采用微量溶剂置于被搅拌或流动的溶液中,从而实现对待测物的萃取。它是一种结合了液-液萃取法和固相微萃取法的优点而发展起来的新技术。其预处理待测物只需少量的有机萃取剂,装置简单,操作简便,分析速度快,成本很低,是一种环境友好的样品前处理技术。该技术问世以来,在环境监测、食品以及生物医药等领域得到了广泛应用。

目前,液相微萃取法涌现出多种不同的类型:单滴微萃取(single-drop microextraction, SDME)法、中空纤维液相微萃取(hollow fiber liquid-phase microextraction, HF-LPME)法、连续流动液相微萃取(continuous-flow microextraction, CFME)法、分散液-液微萃取(dispersive liquid-liquid microextraction, DLLME)法。萃取方式的选择主要与待测物的挥发性及基质的性质有关。

1.3.1 单滴微萃取法

单滴微萃取法是将萃取用的有机溶剂液滴悬挂在微量进样器的针尖对分析物进行萃取的技术。单滴微萃取法同分散液-液萃取法一样,都是基于待测物在不同相中分配系数不同而达到萃取目的的。有机相液滴体积一般为1~5 μL,远远小于样品体积,所以可以实现对待测物的富集。根据悬挂液滴的位置不同,单滴微萃取法分为直接液相微萃取法和顶空液相微萃取法。前者将萃取溶剂液滴直接浸渍于样品中,对分离富集洁净样品中的低浓度待测物效果较好;后者液滴与样品基质不直接接触,适用于复杂基质中微量挥发性或半挥发性成分的萃取分析。单滴微萃取法的具体工作过程又可分为静态和动态两种模式。静态模式是将有机溶剂液滴悬挂于微量进样器的针尖上,萃取一定时间后将溶剂抽回针头中,直接进样分析。这种模式操作简单,但易受溶剂的溶解或挥发损失以及脱落的影响,同时富集效果相对较差。动态模式是用微量进样器抽取一定量溶剂,置于萃取位置后抽取空气或水样进入针头,停留一定时间,萃取被吸入微量进样器的试样中的待测物,而后推出空气或水样但不推出溶剂,如此反复数次,最后将有机溶剂相直接进样分析。这种动态模式通过变溶剂微滴为溶剂薄膜,大大增加了萃取的表面积,使萃取效率得到了进一步的提高。

1.3.2 中空纤维液相微萃取法

中空纤维液相微萃取法是在单滴微萃取法基础上发展起来的,进一步地改进了液相微萃取前处理技术,扩大了其应用范围。中空纤维液相微萃取法以中空纤维稳定和保护萃取液滴,萃取在多孔的中空纤维腔中进行,不与样品直接接触,从而克服了单滴微萃取法中溶剂容易损失的缺点,使之免于脱落并可以增加搅拌速度,对外界条件要求降低。而且由于大分子、杂质等不能进入纤维孔,因此中空纤维液相微萃取法还具有固相微萃取法和单滴微萃取法不具备的突出的样品净化功能,适用于复杂基质样品的直接分析,特别是生物样品的分析。因为中空纤维价格便宜,可以每次使用后直接抛弃,从而避免交叉污染,提高分析结果的准确性和灵敏度。

1.3.3 连续流动液相微萃取法

连续流动液相微萃取法是在直接液相微萃取法基础上改进而来的一种新型微萃取法。先用泵将被萃取的水溶液充满 PEEK 管以及萃取单元的玻璃容器中,再将所需体积的有机溶剂用微量进样器从玻璃容器的注射口注射到样品水溶液中,并在针尖形成悬挂液滴,在蠕动泵的作用下,不停流动的水溶液不断与有机液滴接触,待测物不断被富集到微滴中,萃取完成后将有机液滴吸回,直接进样分析。

1.3.4 分散液-液微萃取法

分散液-液微萃取法是一种新型的液相微萃取技术,是由 Rezaee 等在 2006

年首次提出来的。该技术建立在三相溶剂体系基础之上,包括非极性的水不溶相(萃取剂)、极性的水溶相(分散剂)和水相(样品溶液)。

1.3.4.1 分散液-液微萃取法的原理

分散液-液微萃取过程是,将含萃取剂的分散溶剂快速注入样品溶液中,在分散剂的作用下,萃取剂以微滴形式均匀分散在溶液中形成乳浊液,样品溶液中的待测物被萃取到萃取剂微滴中。然后通过离心操作实现相分离,含有待测物的萃取剂微滴与水相分离,沉积到试管底部,直接取沉积相进行分析测定。其原理是萃取剂微滴与水相之间的界面面积无限大,待测物从水相转移到萃取相的传质过程非常快,而且达到平衡的时间非常短。该方法具有操作简单、萃取时间短、成本低、富集倍数较高和回收率高等优点,最大的优点就是萃取时间短,仅为几秒钟。分散液-液微萃取法的步骤如图 1-4 所示。

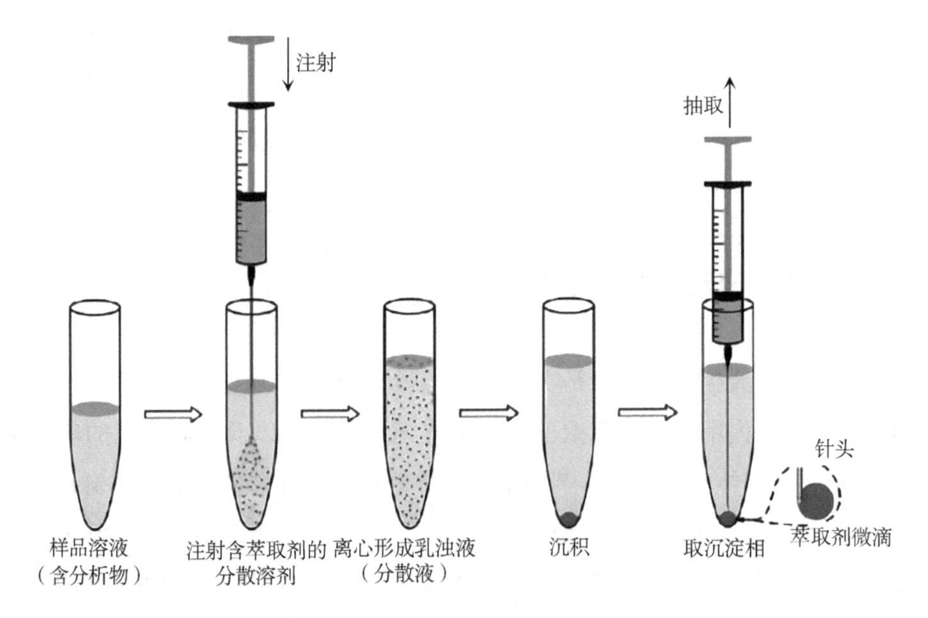

图 1-4 分散液-液微萃取法的步骤

1.3.4.2 分散液-液微萃取法萃取效率的评价

在分散液-液微萃取法常用富集因子(F_E)和萃取率(R_E)来衡量萃取效率。

F_E 可定义为待测物在沉积相中的浓度(c_{sed})与在水相中初始浓度(c_0)的比:

$$F_E = \frac{c_{sed}}{c_0}$$

R_E可定义为萃取到的沉积相中待测物的量(n_{sed})与含有的待测物总量(n_0)的百分比:

$$R_E = \frac{n_{sed}}{n_0} \times 100\% = \frac{c_{sed} \times V_{sed}}{c_0 \times V_{aq}} \times 100\% = \left(\frac{V_{sed}}{V_{aq}}\right) F_E \times 100\%$$

其中 V_{sed} 和 V_{aq} 分别为沉积相的体积和样品溶液的体积。在分散液-液微萃取法中,影响沉积相体积的重要参数有萃取剂在水中的溶解度、萃取剂的用量、水溶液的体积和分散剂的用量。

1.3.4.3 影响分散液-液微萃取法萃取效率的主要因素

影响分散液-液微萃取法萃取效率的因素有很多,其中主要包括萃取剂的种类和用量、分散剂的种类和用量、萃取时间、样品溶液的 pH 值及溶液的离子强度等。

(1)萃取剂的种类和用量

萃取剂的种类和用量是影响分散液-液微萃取法萃取效率的主要参数。萃取剂需满足两个条件:一是其密度必须大于水,这样才能通过离心的方法把萃取剂与水溶液分离开;二是萃取剂要不溶于水,而且要对待测物有较好的萃取能力并有良好的色谱行为,以保证取得较高的萃取效率。一些有机溶剂如氯苯、氯仿、四氯化碳、四氯乙烯等,由于它们的密度比水大又不溶于水,常被用作分散液-液微萃取的萃取剂。绿色溶剂离子液体,如1-烷基-3-甲基咪唑六氟磷酸盐(1-alkyl-3- methylimidazolium hexafluor phosphate,[RMIM][PF_6])也常被用来作为分散液-液微萃取的萃取剂。萃取剂的用量对富集因子产生重要的影响。随着萃取剂用量的增加,离心后获得的沉积相的体积也会增加,从而使富集因子增大。所以,萃取剂用量的优化对于获得较大的富集因子和足够的沉积相体积进行分析都有着至关重要的作用。

(2)分散剂的种类和用量

分散剂的选择是影响萃取效率的另一个关键因素。分散剂不仅要在萃取剂中有良好的溶解性,而且要能与水互溶。这样可以使萃取剂在水相中分散成细小的液滴,均匀地分散在溶液中,即形成一个水/分散剂/萃取剂的乳浊液体系,增大萃取剂与待测物的接触面积,从而提高萃取效率。常用的分散剂包括甲醇、乙醇、丙酮、乙腈及四氢呋喃等。分散剂用量的选取与萃取剂的体积和样品溶液的体积有关。分散剂用量过小,则不利于乳浊液的形成;用量过大,则会导致萃取剂和待测物在水相中的溶解度增加。因此选择合适的分散剂用量是十分重要的。还可以适当选择超声分散液-液微萃取法和均相分散液-液微萃取法来代替分散剂的添加。超声分散液-液微萃取法是通过超声的方法使互不相溶的水相和有机相形成乳浊液,使待测物在萃取剂中保持较高的分配系数以取得较高的萃取效率;而均相分散液-液微萃取法中,萃取剂与水相形成单相体系(水相与有机相不再有相界面),从而最大限度地增大待测物与萃取剂的接触面积,得到较高的萃取效率。

(3)萃取时间

萃取时间在任何萃取过程中都是影响萃取效率的一个重要因素。在分散液-液微萃取法中,萃取时间是指从在水相中注入萃取剂和分散剂到混合液开始离心的这段时间。研究表明,萃取时间对分散液-液微萃取法萃取效率没有显著的影响,这是由于在溶液形成乳浊液之后萃取剂被均匀地分散在水相中,待测物可以迅速由水相转移到有机相,并达到两相平衡。萃取时间短是分散液-液微萃取法的一个突出的优点。

(4)样品溶液的 pH 值

在萃取强酸性或者强碱性的物质时,适当调整样品溶液的 pH 值可提高萃取的效率。其原因是改变样品溶液的 pH 值即可改变待测物在溶液中的存在状态,抑制其电离,减小待测物在水中的溶解度,使其转移到萃取相中,从而提高萃取效率。

(5)样品溶液的离子强度

一般随着离子强度的增加,待测物和有机萃取剂在水相中的溶解度减小,利于提高回收率;同时所得到的有机相的体积增加,有机相中待测物的浓度降低,富集倍数显著下降。故要选择合适的离子强度来提高萃取效率。

1.3.4.4 分散液-液微萃取法的应用

分散液-液微萃取法作为一种全新的样品前处理方法,可以与气相色谱仪、液相色谱仪、原子吸收分光光度计等多种仪器联用,在农药残留、重金属等的分析中得到了广泛的应用。

分散液-液微萃取法非常适合与气相色谱联用。用微量进样器吸出萃取剂后无须进一步处理即可直接进样,所以分散液-液微萃取-气相色谱联用技术在短时间得到了迅速的发展。

徐豪等建立了通过分散液-液微萃取-气相色谱-串联质谱联用法检测葡萄酒中12种残留农药的新方法,并对影响分散液-液微萃取法效果的因素如萃取剂和分散剂种类及用量、萃取时间和离子强度等进行了优化。同时,徐豪等还建立了通过分散液-液微萃取-气相色谱-串联质谱联用法测定茶饮料中联苯菊酯的分析方法。样品经分散液-液微萃取-气相色谱-串联质谱联用法在多反应监测(multiple reaction monitoring, MRM)模式下分析, 外标法定量。王春燕等建立了通过分散液-液微萃取-气相色谱-质谱联用法测定水样中11种有机磷农药和阿特拉津的方法,分别对气相色谱条件、质谱条件进行优化,以提高萃取效率,优化条件建立方法后检测自来水和河水水样中的有机磷农药。丁明珍等建立了通过分散液-液微萃取-气相色谱-质谱联用法测定环境水样中5种芳香胺含量的方法。周卿等建立了通过分散液-液微萃取-气相色谱联用法快速测定党参中10种有机氯类残留农药的方法,在几分钟之内即可完成党参药材中有机氯类残留农药的萃取过程,操作简便,速度快,大大缩短了中药材中微量甚至痕量残留农药的萃取时间,且有机溶剂使用量为微升级别,是一种环境友好的样品前处理方法,同时结合气相色谱法,测定结果准确、可靠,灵敏度高,能满足快速测定党参药材中有机氯类残留农药的要求。黄晶等建立了一种采用分散液-液微萃取-气相色谱联用法测定地表水中苯系物的方法,并对其中关键预处理条件进行了优化。

分散液-液微萃取-高效液相色谱联用法解决了分散液-液微萃取-气相色谱联用法不适于热不稳定化合物及表面活性剂、药物、蛋白质等半挥发和不挥发化合物分析的问题,扩大了分散液-液微萃取法的应用范围。

郑凤家等建立了通过分散液-液微萃取-高效液相色谱联用法测定婴儿血清中美罗培南含量的方法。采用基质匹配混合标准溶液系列绘制工作曲线,采用内标法定量。将该方法用于15名婴儿患者血清分析,美罗培南的检出量为19.2~98.9 mg·L^{-1}。张小婷等人采用分散液-液微萃取-高效液相色谱联用法富集和测定党参中的党参炔苷和苍术内酯Ⅲ,寻找不同基原、不同规格党参的化学差异标志物。王利民等建立了一种以固相萃取与分散液-液微萃取联用为预处理技术,结合气相色谱-质谱分析水样中酰胺类除草剂的方法,并将该方法成功应用于实际水样的分析。

1.4 离子液体

离子液体(ionic liquid)又称室温熔盐(room temperature molten salt),是由特定阳离子和阴离子构成的在室温或近室温下呈液态的熔盐体系,一般由特定的体积相对较大、结构不对称的有机阳离子和体积相对较小的无机阴离子组成。在离子化合物中,阴阳离子之间的作用力为库仑力,其大小与阴阳离子的电荷数量及半径有关,离子半径大,它们之间的作用力就小,以至于熔点接近室温。与固态材料相比较,它是液态的;与传统的液态材料相比较,它是离子的。因而离子液体往往展现出独特的物理化学性质及特有的功能,是一类新型的介质和"软"功能材料。最早的离子液体是 Walden 等在 1914 年报道的硝基乙胺([$EtNH_3$][NO_3]),但其后此领域的研究进展缓慢,直到 1992 年,Wikes 领导的研究小组合成了低熔点、抗水解、稳定性强的 1-乙基-3-甲基咪唑四氟硼酸盐离子液体([EMIM][BF_4])后,离子液体的研究才开始迅速发展。

最常用的离子液体是咪唑盐、吡啶盐、烷基铵盐、烷基磷酸盐等。离子液体由于自身具有独特的性能,如蒸气压极低、液态温度范围广、热稳定性好、溶解性强、离子电导率高和结构性质的"可设计性"好等,被广泛应用到各个领域。

1.4.1 离子液体的组成及分类

离子液体仅由离子组成。其阳离子一般为有机阳离子,如烷基咪唑、烷基吡啶和烷基季铵等;阴离子既可以是无机阴离子,如[PF_6]$^-$、[BF_4]$^-$、[AlF_4]$^-$和[NO_3]$^-$等,也可以是有机阴离子,如[CH_3COO]$^-$、[CF_3COO]$^-$、[CF_3SO_3]$^-$等。离子液体可以按不同的方式进行分类,见表 1-3。

表 1-3 离子液体的分类

分类依据	离子液体种类
阳离子	季铵盐类、季磷盐类、咪唑类、吡唑类、噻唑类、三氮唑类、吡咯啉类、三唑啉类、胍盐类和苯并三氮唑类等离子液体
阴离子	可调的氯铝酸类离子液体、组成固定阴离子(主要包括 $[BF_4]^-$、$[PF_6]^-$、$[TA]^-$、$[TfO]^-$、$[NfO]^-$、$[Tf_2N]^-$、$[NO_3]^-$、$[SbF_6]^-$)离子液体
在水中溶解性	亲水性离子液体和疏水性离子液体
酸碱性	路易斯酸性、路易斯碱性、布朗斯特酸性、布朗斯特碱性和中性离子液体

由于离子液体本身具有许多传统溶剂无法比拟的优点,因此可将其作为绿色溶剂应用于有机及高分子物质的合成等方面。在各种类型的离子液体里,应用较广泛的为咪唑类离子液体。咪唑类离子液体常见的阳离子为烷基取代咪唑和烷氧基取代咪唑等;常见的阴离子有 $[PF_6]^-$、$[BF_4]^-$、$[AlCl_4]^-$、$[NO_3]^-$ 和 $[CF_3COO]^-$ 等。由于咪唑类离子液体的阳离子体积较大,电荷分布均匀,因此,离子间的静电作用相对较小,使得阴阳离子既可以振动,也可以平移或转动,表现出特有的流动现象。与吡啶类离子液体材料相比,咪唑类离子液体材料具有更负的电位、更宽的电化学窗口;与水及普通有机溶剂相比,咪唑类离子液体材料有极低的饱和蒸气压、良好的导电性、较高的热和化学稳定性、较高的离子迁移和扩散速度,以及较强的溶解有机物、无机物和高聚物的能力。

1.4.2 离子液体的性质

随着离子液体中阴阳离子的变化,离子液体的熔点、密度、黏度、溶解性、极性、导电性和电化学性能等会发生很大的变化,因此离子液体被称为“可设计”的溶剂,可以通过改变阴阳离子的组成,设计合成具有特定功能和性质的离子液体。

1.4.2.1 熔点

离子液体的熔点具有特殊的规律,与其组成和结构有着密切的关系,并且在一定范围内可调。它的熔点与阳阴离子的种类及其对称性、体积的大小、取代基、电荷在阳阴离子上的分布以及晶体的堆积程度等密切相关，见表1-4。

表1-4 离子液体的熔点规律

影响因素	规律
阳离子体积的大小	阳离子体积越大，所对应离子液体的熔点越低，且咪唑盐离子液体的熔点较其他同碳数的铵盐要低
阳离子的对称性	阳离子的对称性越好，其熔点越高
阳离子相同时阴离子的影响	阴离子体积越大，熔点越高。当阴离子电荷数都为1时，大多数离子液体的熔点随着阴离子体积的增大而升高，但这一规律在阴离子体积特别大时不适用
咪唑2号位上取代基	在咪唑2号位上引入取代基（如烷基）将导致熔点的显著升高
阳离子取代基的链长	当烷基链的碳原子数为4~8时，离子液体的熔点随着取代基链长的增加而降低，离子液体在冷却时更趋向于变成玻璃态；当为8~10时，离子液体的熔点又随着取代基链长的增加而升高
相同碳数取代基数量	取代基越多，离子液体的熔点越高

1.4.2.2 密度

已知绝大多数离子液体常压下的密度大于水，在1.00~1.69 $g \cdot cm^{-1}$范围内。离子的体积和结构、取代基等对离子液体的密度影响较大。一般阴离子的体积越大，离子液体的密度越大，而有机阳离子的体积越大，离子液体的密度越小。阳离子结构的微小变化可以使离子液体的密度产生变化。另外，无论是取代基（附加部分氟化烷基链）还是阴离子（$[PF_6]^-$、$[BF_4]^-$）中，增加卤素的含量都会增加离子液体的密度。

1.4.2.3 黏度

黏度是离子液体的一个关键参数。与传统有机溶剂相比，离子液体的黏度通常要高出1~3个数量级。一些杂质的存在和温度的升高也能够使离子液体的黏度明显降低。以烷基咪唑阳离子$[C_nMIM]^+$为例,随着阳离子烷基链的增长,氢键和范德瓦耳斯力的作用增强,离子液体黏度增加。此外,阴离子的结构对离子液体黏度的影响也很明显。以$[C_4MIM]^+$为例,离子液体的黏度按如下顺序递减:$[PF_6]^- > [SbF_6]^- > [BF_4]^- > [Tf_2N]^-$。因为$[PF_6]^-$阴离子为正八面体结构,高度对称使得负电荷得到了较好的分散,同时$[PF_6]^-$能够与周围的离子发生很多的相互作用。因此$[C_4MIM][PF_6]$具有较大的黏度。比较各种咪唑和吡啶离子液体,阳离子侧链增长、侧链氟化或支链增多,将导致离子液体黏度增加,这主要是范德瓦耳斯力或氢键作用得到加强的结果。

1.4.2.4 溶解性

离子液体是“可设计”的液体,对氢化物(如 NaH 和 CaH_2)、碳化物、氮化物、氧化物、硫化物、金属化合物等无机物以及多种有机物(包括高分子聚合物等)有独特的溶解能力,是很多化学反应的优良溶剂。离子液体的溶解能力与其阴阳离子的结构密切相关。与Cl^-、Br^-、$[NO_3]^-$、$[BF_4]^-$、$[CF_3COO]^-$等阴离子相比,$N(CN)^{2-}$有较强的配位能力,因而含 $N(CN)^{2-}$的离子液体对无机盐及糖类化合物具有好的溶解能力。另外,离子液体能有效吸附和溶解 CO_2、O_2、NO、CH_4 等气体。

离子液体在水中的溶解性与其阴离子、阳离子和温度有关。对于烷基咪唑型离子液体,阳离子为$[OMIM]^+$,阴离子为$[PF_6]^-$、$[SbF_6]^-$、$[Tf_2N]^-$等时,离子液体是疏水的;当阴离子为Cl^-、$[NO_3]^-$、$[CF_3COO]^-$、$[CH_3SO_4]^-$等时,离子液体是亲水的。例如$[OMIM][Tf_2N]$是疏水性的离子液体,而$[OMIM]Cl$是亲水性的离子液体,与后者相比,前者较适合做分散液-液微萃取的萃取剂。离子液体常易溶于极性溶剂,如甲醇、乙醇、丙酮、二氯甲烷、乙腈、四氢呋喃等,难溶于非极性溶剂,如甲苯、己烷、环己烷、乙醚等,但$[BMIM][PF_6]$的溶解性比较特别,它不易溶于水或乙醇,却易溶于它们的混合溶液,在乙醇的物质的量比为0.5~0.9时,可形成均匀的体系。阳离子对离子液体的水溶性也有一定的影响,阳离子烷基链越长,越易溶于极性溶剂,越难溶于水。例如,对于烷基取代咪唑四氟硼酸盐$[RMIM][BF_4]$来说,当 R 的碳原子数 $n \leqslant 4$ 时,离子液体具有亲水性;当 $n > 4$ 时,离子液体具有疏水性。可以利用离子液体与水相溶性的差异来进行液-液萃取,同时可以利用化合物在水中和离子液体中溶解性差异将其作为萃取反应的介质。

1.4.2.5 极性

一般认为，咪唑类离子液体的极性与短链醇类似。对于阳离子为 $[C_4MIM]^+$ 的离子液体，$[PF_6]^-$ 的极性要大于 $[BF_4]^-$。这种极性变化是由于阴离子半径的增加导致电荷密度降低。对于阴离子相同的离子液体，当碳原子数为 2~6 时，极性随着咪唑环上烷基链的碳原子数的增加而增大；当碳原子数大于 6 时，极性则随着碳原子数的增加而减小。

1.4.2.6 导电性

影响离子液体导电性的主要因素有黏度、密度、分子量、离子体积大小等。其中黏度的影响最明显，导电性与黏度成反比，黏度越大，导电性越差。导电性与密度成正比，密度越大，导电性越好。

1.4.2.7 电化学性能

离子液体的电化学性能可用电化学窗口来衡量。电化学窗口是离子液体从开始发生氧化反应到开始发生还原反应的电位差值。离子液体的电化学窗口与一般的有机溶剂相比是非常宽的，大部分都在 4.0 V 左右，这也是离子液体的优点之一。

1.4.2.8 饱和蒸气压和热稳定性

极低的饱和蒸气压和良好的热稳定性是离子液体优于传统有机溶剂的两个最主要的物理特性。与挥发性有机溶剂相比，离子液体的饱和蒸气压非常低，难以挥发。因此，它在一定温度范围内（<250 ℃）几乎不挥发到大气中。离子液体的热稳定性受杂原子-碳原子之间作用力和杂原子-氢键之间作用力的影响，与其阳阴离子的结构密切相关。一般地，咪唑类离子液体的热稳定性比季铵类的热稳定性要好，例如，三烷基铵类离子液体在真空中 80 ℃下会分解，而 $[BMIM][Tf_2N]$ 在 450 ℃下才分解，因此，$[BMIM][Tf_2N]$ 用在分散液-液微萃取技术中，对操作温度的要求很宽松。阴离子相同情况下，咪唑盐阳离子 2 位上的 H 被烷基取代时，离子液体的热分解温度明显提高，而 3 位氮上的取代

基为线型烷基时较稳定,且咪唑环上取代基增多,离子液体的热稳定性增强。

1.4.2.9 表面张力

表面张力是液体表面的基本物理化学性质。一般可定义为把液体内部分子搬到液体表面时克服内部分子的吸引力而消耗的能量,即增加单位面积所消耗的能量。离子液体的表面张力有很宽的范围,比水的表面张力小,但大于传统的有机溶剂。离子液体的表面张力与其组成、结构以及温度、水含量等外界因素有关。对烷基咪唑盐,烷基链增长,表面张力减小;阳离子不变,阴离子越大,表面张力越大;表面张力与温度呈线性关系,随着温度的升高而减小;离子液体水溶液的表面张力与其浓度有关,浓度不同,其阳离子在水表面分布不同,表面张力随之变化,在一定浓度下,张力达最大值。

1.4.3 离子液体在液相微萃取中的应用

离子液体由于具有独特的分子结构、物理化学性质及环境友好的特点,因而有较广泛的应用。近来,关于离子液体在分离、分析方面应用的报道逐渐增多,主要包括样品前处理、毛细管电泳、色谱、光谱和电化学分析等。在样品前处理过程中,由于离子液体具有饱和蒸气压低、选择性好、对有机物及无机物有很好的溶解能力等特性,被用作多种萃取模式的萃取剂。

1.4.3.1 离子液体在单滴微萃取中的应用

龙泽荣等建立了一种基于离子液体单滴微萃取技术结合高效液相色谱技术对5种邻苯二甲酸酯类物质进行检测的方法,并成功应用于食品塑料包装材料中邻苯二甲酸酯类物质的分析。

1.4.3.2 离子液体在中空纤维液相微萃取中的应用

对于萃取高沸点或难挥发有机物,中空纤维液相微萃取可以达到较佳的效果。周靖雯等采用中空纤维液相微萃取技术,采用离子液体对环境水样中的磺胺类抗生素进行前处理。雷蕾采用自制的中空纤维膜磁力搅拌萃取棒,以疏水性离子液体为萃取剂,成功地将萃取和搅拌装置集为一体,使得对目标分析物的萃取和富集一步完成,大大缩短了分离和富集时间。

1.4.3.3 离子液体在分散液-液微萃取中的应用

近年,1-烷基-3-甲基咪唑六氟磷酸盐([RMIM][PF_6])是较常用的离子液体分散液-液微萃取的萃取剂。目前,离子液体分散液-液微萃取法主要用于测定有机污染物和无机金属离子。金超等建立了基于分散液-液微萃取-数字成像比色法测定水样中铁的方法。彭帆等建立了苹果中有机磷农药残留多组分同时定量分析的离子液体分散液-液微萃取-高效液相色谱分析方法。王玲玲等建立了通过离子液体分散液-液微萃取结合高效液相色谱法快速分析茯苓中氰戊菊酯和联苯菊酯农药残留的方法。赵文霏等建立了通过离子液体分散液-液微萃取-水相固化-高效液相色谱法测定食用菌中3种拟除虫菊酯类农药的残留量的方法。

随着离子液体分散液-液微萃取技术的发展,出现了几种不用分散剂的离子液体分散液-液微萃取方式,因为在分散液-液微萃取中分散剂的使用会在一定程度上减小待测物在萃取剂中的分配系数。例如,孙倩等建立了用多功能离子液体分散液-液微萃取结合高效液相色谱法测定尿液中5种邻苯二甲酸酯类物质代谢产物的高灵敏度新方法。谢美仪采用离子液体分散液-液微萃取技术测定水样和食用油中的酚类污染物,优化了离子液体、分散剂、电解质、超声时间、溶液pH值以及离心转速和时间等影响因素。龚爱琴等人建立了一种基于超声辅助离子液体分散液-液微萃取-高效液相色谱法测定血清及药片中ACC007含量的新方法。徐蕊等开发了一种无须分散剂的微波辅助离子液体分散液-液微萃取结合胶束电动色谱分析食用油中丙烯酰胺(AA)和5-羟甲基糠醛(5-HMF)的方法。通过试验优化了影响萃取回收率的因素,包括离子液体的种类和体积、微波辅助萃取条件、样品体积以及胶束电动色谱的分离条件等。廖依依等建立了新型的超声辅助-Fe_3O_4磁性纳米粒子磁化-原位离子液体分散液-液微萃取法,并结合高效液相色谱法测定了天然椰子水中3种拟除虫菊酯农药的残留量。该方法中的超声辅助以及磁化原位交换反应简化和加快了样品前处理过程,并且绿色溶剂离子液体种类的选择范围被进一步拓宽。朴惠兰等建立了一种简单、快速、高效、环境友好的分析茶饮料中三嗪类除草剂的前处理方法。泡腾分散液-液萃取法由碳酸根与酸反应产生的二氧化碳提供分散驱动力,使萃取剂快速均匀地分散在水样中,实现萃取过程。此方法无须借助辅助分散设备以及分散介质,凭借一个简单、绿色、快速的化学反应成功萃取到了茶饮料样品中的三嗪类除草剂。

1.5 典型有机污染物的处理方法

污染物分析只能帮助人们对环境污染情况进一步了解,而针对特定的污染物,建立有效的去除手段是必要的。有机污染物的去除技术研发工作已经开展几十年了,大量科研人员致力于这方面的研究。有机污染物去除的主要技术可归为三大类:物理法、生物法和化学法。

1.5.1 物理法

物理法主要有吸附法、膜分离法、气浮法以及萃取法等。

吸附法处理水可以达到良好的净化效果,常用的吸附剂有活性炭、大孔树脂、明胶、硅藻土、碳纳米管等,用于吸附嗪草酮和氯酚类的典型有机污染物。例如 Xu 等将 Pd 和 Fe 负载到多壁碳纳米管(MWCNT)上合成了 MWCNT-Pd/Fe 纳米复合材料,以去除 2,4-二氯苯酚(2,4-DCP)。该材料对 2,4-二氯苯酚的吸附-脱氯效率明显较高。易于操作、成本低和效率高是吸附法的主要优点,并且这种方法不会形成有毒副产物。

膜分离法的主要原理是根据分子量对有机污染物进行截留,此外静电相互作用及疏水性对截留能力也有一定的影响。选择合适的膜分离法可以有效地从水中去除有机污染物。Hu 等采用烃基膜(例如聚乙烯、聚乙烯/聚丙烯共聚物)对三嗪类似物和黄曲霉毒素的水溶液进行大规模提取和浓缩,研究结果表明三嗪类似物和黄曲霉毒素的最大吸附容量值主要取决于吸附机制。膜分离法通过分子截留可以在常温下有效去除环境激素和嗪草酮等有机污染物,但后期运营维护成本比较高昂,这在一定程度上限制了膜分离法的应用。

使用物理法存在一定的局限性。例如吸附法只有能被活性炭等物质吸附的污染物才能使用;膜分离法需要的反应池比较大,占地面积增大,处理过程中容易产生废渣。具有高毒性、成分复杂的水,不完全降解会造成二次污染,这也同样制约着物理法的应用。所以物理法在工业废水处理中较少单独应用,往往采用物理法进行预处理,之后与其他的工艺相结合。

1.5.2 生物法

生物法是指通过真菌或细菌等微生物将水中的有机污染物部分转化或完全转化为稳定的无害物质,从而去除的方法。因为在水中的农药成分复杂,所以在生物法处理之前需要先进行预处理,目的是先将水中对微生物有害的物质去除,避免其造成微生物失活。

Liu 等将白杆菌属 JW-1 细胞固定在聚乙烯醇-海藻酸钠(PVA-SA)珠中,用于降解磺草胺等 S-三嗪类除草剂。一种高效微生物仅仅适用于一种有机物废水,当废水中含多种生物降解困难的物质时,该方法就会受到限制。

植物修复是一种有机污染物去除技术,具有非侵入性且廉价,生态效益比现有其他技术更高,在修复水和土壤污染方面取得了一定的进展。植物不能直接将有机污染物作为碳源进行能量代谢,而是通过蓄积、降解、稳定、转化和根际分解等机制把污染物转化为在环境中持久性较低和毒性较低的物质。Khrunyk 等将^{14}C 标记的阿特拉津添加到已灭菌的含沙子和水的营养培养基中,实现了植物对阿特拉津的强力去除和降解,显示出植物修复的高潜力。Alayne 等将蓝旗鸢尾、扫帚草和柳枝稷种植在用阿特拉津处理过的土壤中,发现植物修复促进了对阿拉特津降解。植物修复对生态环境扰动小,但相对于物理法、化学法,植物受到生长环境条件的限制,且修复耗时长,目前具有广谱性的可以应用于有机污染物去除的植物还未找到。

1.5.3 化学法

常规的化学法主要包括化学沉淀法和高级氧化法。

1.5.3.1 化学沉淀法

化学沉淀法是将化学试剂作为沉淀剂加入水中,与水中溶解的有毒的有机污染物质发生化学反应,使其转化成无毒的物质,进而从水中除去。如利用铝盐、铁盐、PAC、PAM等将有机污染物混凝、沉淀,从水中去除。Huang等的研究结果表明,改进的磁性离子交换树脂和臭氧化工艺的组合在降低雌激素活性等方面有优良性能,但该法药剂成本及污泥处理成本均比较高,限制了其应用,反应时可能会生成更难处理的中间产物,造成二次污染。因此,常规的化学法在实际的水处理中受到限制。

1.5.3.2 高级氧化法

高级氧化法利用光、电、催化剂和氧化剂相结合,产生大量的羟基自由基(·OH),作为强氧化剂的羟基自由基可以氧化分解水中的有机污染物,最终将有机污染物完全矿化成水和二氧化碳。常用的高级氧化法包括臭氧氧化法、芬顿(Fenton)试剂氧化法、过硫酸盐氧化法等。高级氧化法的优点是:第一,降解完全后产物为水和二氧化碳,不会二次污染环境;第二,产生大量的羟基自由基,具有很强的氧化能力;第三,引发链式反应;第四,处理时间短,反应速度快;第五,对有机物的选择性小,不同种类的有机污染物都可以处理;第六,操作比较简单。所以在有机污染物处理中越来越多地使用高级氧化法。

(1)臭氧氧化法

臭氧是一种强氧化剂,可以利用其强氧化性与水中有机污染物发生反应,将污染物转化为可降解的小分子物质,方便进一步处理。降解含氮的除草剂主要采用的是单独臭氧氧化法和催化臭氧氧化法。单独臭氧氧化法是指在降解废水中除草剂时只通入有强氧化性的臭氧,使其进行反应,达到降解的目的。而催化臭氧氧化法则是在降解过程中加入催化剂,通过增加羟基自由基的数量来达到提高降解效率的目的。

为了突破臭氧氧化法在降解有机污染物时臭氧分子利用率较低,且对有机物选择性强的局限,科研工作者研究出一系列臭氧联合高级氧化法。尽管在方法上有所改进,但是仍然存在气-液传质效率低等缺点,还需要进一步研究解决这类问题的方法。

(2)芬顿试剂氧化法

芬顿试剂是由 H_2O_2 和 Fe^{2+} 混合成的一种强氧化剂,在处理难降解、高毒性、高浓度的有机废水方面非常有潜力。芬顿试剂降解有机污染物主要依靠强氧化性的羟基自由基,其由 H_2O_2 与 Fe^{2+} 反应生成。在具有强氧化性的羟基自由基的作用下,有机污染物可以完全被氧化成为二氧化碳和水。

近些年来,在高浓度农药废水处理中,芬顿试剂氧化法降解效果显著,这主要是因为 H_2O_2 分解速度快,降解效率高。Chen 等研究了 3 种代表性的 S-三嗪类除草剂的芬顿试剂氧化降解,研究了初始 H_2O_2 浓度以及 Fe^{3+} 浓度对除草剂降解速率的影响。研究结果表明 S-三嗪类除草剂的芬顿试剂氧化降解符合伪一级动力学规律。

在单一芬顿试剂氧化法的基础上发展出了热芬顿试剂氧化法、光芬顿试剂氧化法和电芬顿试剂氧化法等方法。Jiang 等制备出了光芬顿试剂氧化体系 $CdS/rGO/Fe^{2+}$,中性条件下即可以实现有机废水中苯酚的降解。结果表明,在光芬顿试剂氧化体系中,$CdS/rGO/Fe^{2+}$ 在可见光照射下快速产生大量的羟基自由基来降解苯酚。

芬顿试剂氧化法的优点是在较短时间内产生大量可提高降解速率的羟基自由基,从而有利于对难降解的有机废水进行处理。但该方法也存在一些不足:(1)单一芬顿反应需要酸性条件($pH<3$),导致处理后的废水依然呈酸性,直接排放会有二次污染,需进行后续处理;(2)对于难降解的高浓度废水需增加 H_2O_2 的量,使得处理成本增加,不适用于规模较大的废水处理;(3)处理后废水中含有大量的铁离子,仍需要进行后续处理,同样会增加处理的成本。而铁离子固定化技术不断发展有望弥补芬顿试剂氧化法的此类不足。

(3)过硫酸盐氧化法

过硫酸盐氧化法是近年来发展起来的处理有机污染物的新技术,其核心是产生氧化能力极强的硫酸根自由基。对于难降解的有机污染物,硫酸根自由基具有降解速度快、氧化彻底、无选择性等特点。水中的有机污染物被逐一氧化降解为无毒或低毒的小分子物质,甚至直接矿化成水和二氧化碳,达到无害化目的。另外,硫酸根自由基与羟基自由基相比,具有类似的氧化还原电位,在中性条件下即可以有效降解有机废水,因而过硫酸盐氧化法在水处理方面表现更加突出。因为过硫酸盐氧化法是通过催化剂活化过硫酸盐产生自由基来降解有机污染物,所以目前对过硫酸盐氧化法的研究重心主要集中在活化方法上。传统的活化方法有光活化、热活化和铁离子活化,对设备要求往往比较高,且费用昂贵;而过渡金属离子活化中,自由基的淬灭反应大多会导致污染物处理的效果不理想,且反应后体系中产生大量氢氧化铁沉淀,会造成二次污染。

总之，上述方法都能在一定程度上去除嗪草酮和氯酚等环境有机污染物，但仍存在很多不足，所以近年来的研究热点是高效清洁的有机污染物去除技术。

1.6 光催化降解典型有机污染物技术

光催化(photocatalysis,PC)技术作为高级氧化技术之一，是利用光和催化剂共同作用对有机污染物进行降解。催化剂受光激发，产生光生电子-空穴对(e^{-}-h^{+})，生成具有强氧化能力的活性基团，可将有机污染物降解。光催化技术被认为是降解水中有机污染物最环保的方法之一，其解决环境水污染的潜力越来越凸显出来。太阳能由于具有储备丰富、无污染、使用安全等优点，被认为是一种十分有潜力的可持续型能源，具有重要的开发价值。而光催化作为一种高级氧化还原技术，可利用丰富的太阳能驱动半导体等光催化材料产生电子和空穴，直接引发产生系列具有高活性的自由基，继而实现环境污染物矿化，具有反应条件温和、操作简单、无二次污染等特点，被认为是21世纪极具潜力的研究。利用绿色的光催化技术治理典型有机污染物也一直是环境领域的研究热点之一。基于半导体的光催化材料在常温常压下利用太阳能可将各种有机污染物降解成危害较小的产物，研发光催化材料是推动光催化技术更好地解决环境问题的关键，但是光催化剂光生载流子复合率高、光响应范围窄和光能利用率低等不足成为光催化技术实际应用的主要限制因素。寻求合适的调控策略以促进光催化降解有机污染物过程中的电荷分离，抑制光生载流子复合，进而提高光催化降解活性是今后水处理领域的发展方向。

1.6.1 光催化降解有机污染物的原理和机制

半导体光催化过程包含了光物理和光化学过程，包括光生电荷的激发、迁移、复合、分离和后续在半导体表面发生的光化学反应。光催化的过程主要分为三个阶段，分别为：半导体吸收具有一定能量的光子产生光生电子-空穴对；光生电子-空穴对分离形成具有氧化能力的空穴和具有还原能力的电子；空间上分离的空穴和电子分别引发氧化和还原反应，产生系列的高活性自由基，继而实现有机污染物降解,如图 1-5 所示。半导体材料的吸光能力、有效的电荷分离和表面催化反应是公认的决定光催化活性的重要因素。

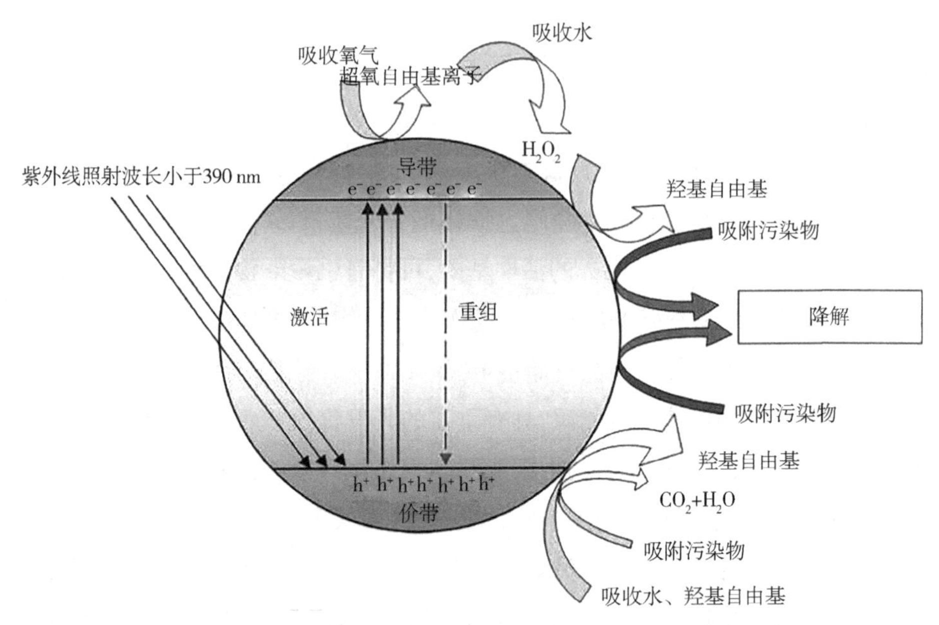

图 1-5　光生电子-空穴对促进有机污染物降解的光催化反应示意图

在这 3 个主要阶段中,半导体的光吸收是后续两个阶段的先决条件。此外,光生载流子的非定向迁移容易导致其在光催化材料的体相发生严重的复合,这是不利于光催化性能提高的。整体的光转化效率可以表示为

$$\eta_{total} = \eta_{abs} \times \eta_{cs} \times \eta_{redox}$$

其中 η_{abs}、η_{cs} 和 η_{redox} 分别代表光吸收效率、电荷转移和分离效率,以及表面氧化还原反应效率。整体的光催化氧化有机污染物效率是由这 3 个参数共同决定的,而有机物的降解效率强烈依赖于有机污染物氧化反应的热力学电位和反应路径的动力学势垒。因此,如果一种催化剂具有强的光吸收能力、高的电荷转移和分离效率以及丰富的表面催化活性位点,那就可称为一种有潜力的光催化降解有机污染物的催化材料。

目前,光催化效率普遍较低的问题限制了该技术的发展。为使促进光催化技术能走向实际的应用,科学家们在如何提高半导体光催化效率方面开展了一系列研究,主要有以下 3 个途径:(1)缩小禁带宽度,提高对可见光的吸收和利

用;(2)促进光生电荷分离能力;(3)促进反应物的表面吸附,进而提高表面的电子和空穴分别对反应物活化的能力,使得反应所需活化能降低。

在光催化过程中,材料表面发生氧化还原反应产生的多种活性物种与污染物反应,将其逐步降解为小分子有机物,最终矿化为二氧化碳和水。光催化降解污染物的机制如式(1-1)至式(1-8)所示。

$$\text{光催化剂} + h\nu \longrightarrow e^- + h^+ \tag{1-1}$$

$$h^+ + H_2O \longrightarrow \cdot OH + H^+ \tag{1-2}$$

$$O_2 + e^- \longrightarrow \cdot O_2^- \tag{1-3}$$

$$\cdot O_2^- + H^+ \longrightarrow HO_2 \cdot \tag{1-4}$$

$$2 \cdot O_2^- + H_2O \longrightarrow O_2 + HO_2^- + OH^- \tag{1-5}$$

$$2HO_2 \cdot \longrightarrow O_2 + H_2O_2 \tag{1-6}$$

$$H_2O_2 + \cdot O_2^- \longrightarrow \cdot OH + OH^- + O_2 \tag{1-7}$$

$$H_2O_2 + e^- \longrightarrow \cdot OH + OH^- \tag{1-8}$$

空穴具有强氧化能力,可以直接氧化吸附在催化剂表面的污染物分子,实现直接降解的作用。羟基自由基则是空穴通过氧化表面吸附的水而产生的,其氧化能力同样很强,可以实现污染物矿化。超氧自由基离子则是氧气束缚跃迁到表面的电子后发生还原反应生成的,超氧自由基离子同样具有超强的氧化能力。羟基自由基和超氧自由基离子等的产生均需具有合适的能带位置,如导带位置要高于 $O_2/\cdot O_2^-$ 电位(−0.33 V vs. NHE),价带位置则需低于 $\cdot OH/OH^-$ 电位(2.38 V vs. NHE)。因此,为实现有机污染物的高效降解,光催化剂的选择是十分重要的。

根据主导的自由基不同,光催化降解有机污染物主要有以下3种机制:

(1)超氧自由基离子降解机制。分离后的光生电子迁移至催化剂表面被溶解的氧气束缚,当其满足相应条件时可以进一步活化吸附氧而形成超氧自由基离子[式(1-3)],直接参与反应或发生后续转化,与水中的氢离子发生反应后可以形成过氧化氢自由基($HO_2 \cdot$)[式(1-4)],并最终转化为过氧化氢[式(1-6)]。而过氧化氢是一种重要的氧化剂,可以继续氧化降解污染物。

值得注意的是,氧气在光催化降解污染物的反应中扮演着重要的角色。从热力学角度来看,氧气还原形成超氧自由基离子的还原电位略高于0 eV,如果半导体导带底能级位置合适,具有足够的还原能力,即在热力学上允许发生此还原反应。从动力学因素考虑,这是因为光激发半导体产生的载流子迁移至表面所需的时间在纳秒时域,这和空穴与底物发生反应的时域接近。但是,载流子复合和表面吸附氧捕获电子的过程都处于微秒时域,与前者相比速度较慢,而载流子复合无疑是不利于高效反应的,因此,电子活化氧气产生超氧自由基离子的过程是光催化降解有机物过程的重要速控步骤。

(2)羟基自由基降解机制。对于有机污染物的光催化氧化过程,普遍认为关键的活性物种是羟基自由基。由于羟基的氧化电位高于空穴,因此空穴在扩散到表面后容易首先和表面的羟基发生反应,形成羟基自由基。早在 1979 年,Jaejer 等利用电子顺磁共振技术就已经证明羟基自由基的存在,并证明了羟基自由基可普遍存在。经研究发现,羟基自由基进攻机制可普遍应用于有机污染物氧化过程,羟基自由基有较强的氧化能力,可对有机污染物的分子结构造成严重破坏,将其降解成小分子的有机酸、醇等,最终矿化为二氧化碳和水,在对污染物的进攻优先顺序上,羟基自由基不存在选择性。羟基自由基的产生参照式(1-2)和式(1-8)。

(3)空穴直接降解机制。相关的研究表明,除了以上两种自由基机制外,空穴也可作为活性物种直接进攻氧化污染物。催化剂表面的空穴对表面吸附的污染物直接进攻的反应路径更短,效率更高。所以发生空穴直接降解机制的前提是催化剂表面和污染物之间存在有效的吸附,避免空穴在扩散过程中与水发生反应继而形成羟基自由基。

1.6.2 光催化材料及其应用

图 1-6 显示了部分典型光催化材料的能带位置。半导体光催化剂是光催化技术的核心,也是整个光催化过程的重要媒介,开发高效光催化剂是推动光催化技术产业化和实用化的关键。近几十年,人们在现有元素的基础上,开发出了上百种光催化材料。基于固体能带理论,半导体材料费米能级附近的电子能级是不连续的。其能带结构一般由充满电子的价带(VB)和未填充电子的导带(CB)组成,而价带和导带之间的空隙则称为带隙或禁带,用 E_g 表示。光催化材料按照带隙,可分为宽带隙半导体光催化材料和窄带隙半导体光催化材料。一般来说,宽带隙半导体光催化材料的带隙大于 3.0 eV,窄带隙半导体光

催化材料的带隙小于 3.0 eV。由半导体的吸光波长阈值 λ_g 与带隙 E_g 的关系($\lambda_g = 1\ 240/E_g$)可知,半导体的带隙越宽,则能吸收的光的波长越短,那么可利用的太阳光光谱范围则越窄;反之,半导体的带隙越窄,能吸收的光的波长越长,那么可利用的太阳光光谱范围则越宽。

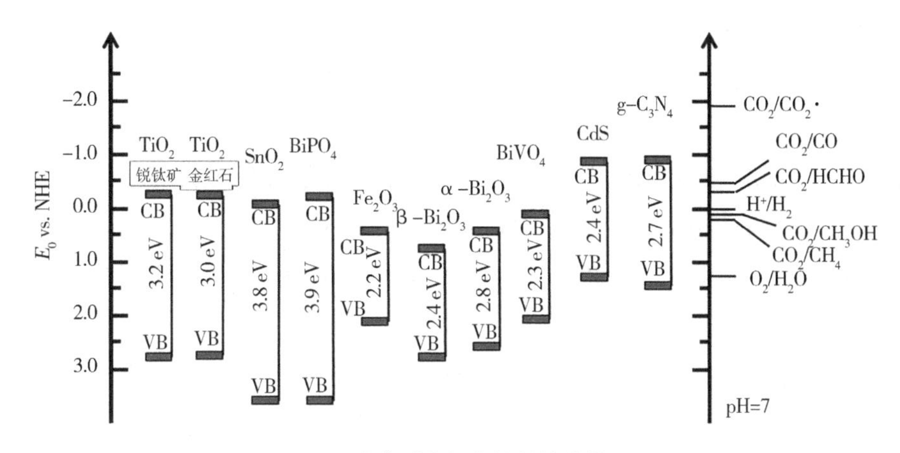

图 1-6 几种典型光催化材料的能带位置图

一般来说,TiO_2、SnO_2、$BiPO_4$ 等是非常经典的宽带隙半导体材料,其导带位置较负,价带位置较正,被广泛应用于光催化降解污染物。

TiO_2 光催化剂以其无毒、稳定、廉价易得、催化活性较高等优点,得到了广泛的研究,尤其是在水处理、空气净化等方面,是研究较多的光催化剂。TiO_2 俗称钛白,呈白色,粉末状氧化物。它一般存在 3 种晶型,即金红石相、锐钛矿相和板钛矿相。其中,板钛矿相 TiO_2 属于斜方晶系,因为其在自然界中稀少、制备高纯相相对较困难、光催化活性偏低而且稳定性差,所以较少被研究。金红石相和锐钛矿相 TiO_2 是四方晶系,金红石相 TiO_2 的带隙比锐钛矿相 TiO_2 窄,所以金红石相 TiO_2 的热稳定性较好,不容易在较高温度下发生相变。锐钛矿相 TiO_2 氧缺陷更多,并且比表面积相对较大,光生电荷分离能力更强,光催化活性较高。Yang 等利用电镀法制备了自组装的 TiO_2 纳米管,120 min 内对药物 β-受体阻滞剂美托洛尔(β-blocker metoprolol)的光催化降解率达到 87%。

SnO_2 是一种常见的宽带隙 n 型半导体材料,具有和 TiO_2 相似的带隙和催化能力,在光催化领域展现出了一定的潜力。SnO_2 有两种晶型:四方相和正交相。正交相研究较少，主要因其不常见，而且在常温常压下不稳定。而四方相在热力学和动力学上相对稳定，比较常见，而且具有较高的电子迁移率，电荷分离能力相对较强，在光催化领域得到广泛应用。Chen 等采用 Ni 掺杂和热氧化相结合的策略，制备出了 Ni 掺杂的氧化锡/硫化锡的异质复合体，100 min 内对甲基橙的光催化降解率可达到 92.7%。

$BiPO_4$ 属于 n 型半导体，具有 3 种晶型：单斜相结构、单斜相独居石结构和六方相结构。其中，最稳定结构为单斜相独居石结构。当温度合适时，以上 3 种晶相可发生相互转化。当晶相发生转化时，仅由 Bi、P 与 O 构成的多面体结构的排列方式改变了，晶体结构和拓扑结构相关性没有受到破坏。近年来 $BiPO_4$ 在光催化领域同样取得一定的研究成果。Liu 等采用共沉淀法成功地制备了 $BiPO_4/Bi_2SiO_5$ 的新型Ⅱ型异质结构，在 100 min 内对苯酚光催化降解率为 95%，相比于纯样品活性提高了 4.36 倍。

但是，宽带隙半导体只能吸收紫外光，对太阳光的利用率较低，而可见光约占太阳光能量的 45%，这限制了其应用。窄带隙半导体的吸光范围更宽，集中在可见光区甚至是近红外光区，因此，对窄带隙半导体的研究成为热点。窄带隙半导体光催化材料包括 BiOBr、Bi_2O_3、$g-C_3N_4$、Fe_2O_3 等。

BiOBr 作为一类新型半导体光催化材料，具有特殊的三明治片层结构以及较为合适的能带结构，具有较好的稳定性以及可见光响应的特点，成为光催化材料中的研究焦点，尤其在有机污染物降解方面取得了大量研究进展。

Bi_2O_3 作为一种可见光响应半导体，因其无毒、结构丰富可调、氧化能力强、廉价易得等优点，被认为是一种具有发展潜力的光催化剂。它的价带结构（由 Bi 6s 和 O 2p 轨道杂化而成）一方面减小了半导体的禁带宽度，拓展了可见光的响应范围；另一方面增加了价带的宽度，有利于光生空穴的移动，具有较强的氧化能力。Bi_2O_3 具有多种晶态结构，目前已报道的包括 $\alpha-Bi_2O_3$、$\beta-Bi_2O_3$、$\gamma-Bi_2O_3$、$\delta-Bi_2O_3$ 和非计量相（$Bi_2O_{2.33}$ 和 $Bi_2O_{0.75}$）。Bi_2O_3 不同晶型之间的禁带宽度范围为 2.00~3.96 eV，差别较大，$\alpha-Bi_2O_3$、$\beta-Bi_2O_3$、$\gamma-Bi_2O_3$ 带隙能依次递减。如图 1-7 所示，不同晶型结构之间可以相互转变，但光催化性能差异较为明显，其中 $\alpha-Bi_2O_3$、$\beta-Bi_2O_3$ 在可见光下表现出较好的降解污染物性能，$\beta-Bi_2O_3$ 氧化能力更强，活性更高。

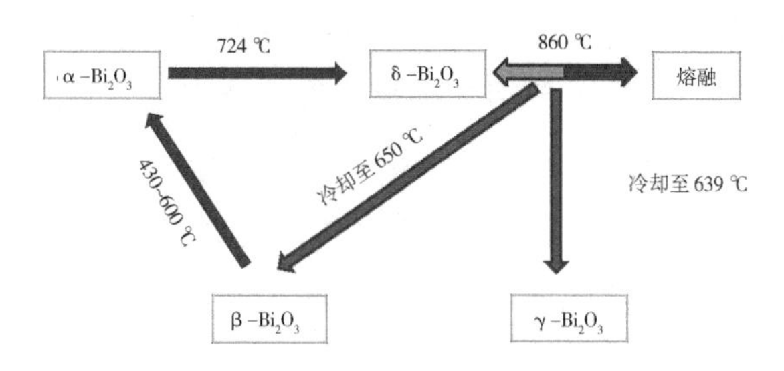

图1-7 Bi_2O_3 各种晶型之间转化的示意图

Bi_2O_3 光催化剂在环境污染物的处理方面应用比较多,对水体环境中的染料、重金属离子、抗生素和激素等,气体环境中的氮氧化物(NO_x)等,都可以进行有效的降解。He 等采用水热法制备出了棒状的 Bi_2O_3,并利用原位合成法在其表面生长出 γ-FeOOH,结合光照和芬顿反应,200 min 内对染料甲基橙基本实现完全矿化。Zhou 等采用表面活性剂和功能化的有机小分子组成复合软模板,可控合成出了花状的 β-Bi_2O_3,并进一步构筑了 β-Bi_2O_3/$Bi_2O_2CO_3$ 复合体,在模拟太阳光下 60 min 内对抗生素类药品四环素的降解率达到 98.8%。Sang 等利用一步水热法合成出了 Bi_2O_3/Bi_2S_3 异质结纳米复合材料,在染料罗丹明 B(RhB)和重金属离 Cr(Ⅵ)去除方面表现出了良好的效果。Lu 等通过水热法制备了富含氧缺陷的片层 Bi_2O_3/$Bi_2O_2CO_3$ 复合体,对 NO 去除率可达 45%,并对氧化产物 NO_3 具有较高的选择性。

处理水中氯酚污染方面,Bi_2O_3 光催化剂也取得了一定研究进展。如 Hao 等利用旋蒸法制备得到 EDTA-Bi 前驱体,进一步煅烧制备了 C/Bi/Bi_2O_3 纳米复合体光催化剂,与通过直接煅烧硝酸铋得到的普通 Bi_2O_3 相比,在模拟太阳光和可见光条件下复合体样品对 2,4-二氯苯酚降解的活性提高近 1.5 和 4.5 倍。

Bi_2O_3 可以有效光催化降解大部分环境污染物,主要归因于 Bi_2O_3 较强的氧化能力可以破坏大部分有机污染物的结构,最终使其矿化为无毒的二氧化碳和水。

石墨型氮化碳(g-C_3N_4)有独特的三嗪环片层类石墨烯结构,属于无机非金属窄带隙半导体材料,因具有化学稳定性高、廉价易制备及原料来源广泛等优点,渐渐引起人们的关注。由于 g-C_3N_4 有合适的带隙能及导价带位置,并且其电子结构可控,同时满足具有可见光吸收和二维纳米片层结构两个条件,是多种晶型氮化碳中最稳定的一种,这些使得其被认为是很有潜力的光催化半导体材料。近些年基于对 g-C_3N_4 的广泛研究,衍生出了丰富的微米/纳米结构及形貌。合成方法、原料种类及形态等因素都影响着其结构与形貌,进而影响着其性质及应用。然而与具有较强屏蔽效应和较大介电性质的无机半导体光催化材料不同的是,聚合物半导体光催化材料中的电子和空穴之间有更强的相互作用。聚合物半导体的这种独特结构与性质,导致了 g-C_3N_4 光生载流子的分离效率低,并且其寿命也相对较短。因此,发展有效的光生电子调控策略以克服 g-C_3N_4 光生电子与空穴间的强相互作用,进而延长载流子寿命,促进光生电荷分离,揭示其光催化机制是提高其光催化性能的关键,对发展 g-C_3N_4 基光催化材料也有着重要意义。

Wang 等利用简单液相合成及煅烧的方法合成了 Ag-Ag_2O/g-C_3N_4 纳米光催化剂,并研究了其对甲基橙的降解活性。Zada 等制备了具有表面等离子共振(SPR)效应的 Au/SnO_2/g-C_3N_4 纳米复合材料,并将其应用于对 2,4-二氯苯酚的降解。Liu 等通过简单的方法合成了碳量子点(CQD)改性多孔 g-C_3N_4,并对双氯芬酸的降解动力学进行了研究,发现光催化活性的增强可以归因于电荷载流子的有效分离和能带结构的改善。Chen 等以 P-g-C_3N_4 层状介孔材料为研究对象,通过原位生长法制备了一系列 AgBr/P-g-C_3N_4 催化剂,研究了模拟太阳辐射下其对麻黄素降解的影响。

光催化降解典型有机污染物研究中存在的关键科学问题之一是光催化转化效率低,研发可见光响应的光催化材料体系、发展窄带隙半导体是重点研究方向。窄带隙半导体光催化剂导带位置低,表面活化氧气能力差,光生载流子寿命短,这些制约了其发展,而促进电荷分离的调控策略是提高光催化转化效率的有效手段之一。

1.6.3 提高光催化性能的策略

1.6.3.1 磷酸修饰

在光催化降解有机污染物反应过程中,O_2 作为氧化剂,在光催化剂表面的活化过程常常起着关键作用。一方面,吸附在光催化剂表面的 O_2 可以捕获光生电子,进而促进光生电荷的分离;另一方面,O_2 捕获光生电子后能够形成一系列活性氧物种,尤其是超氧自由基,参与到光催化反应过程中。因此,促进催化剂表面光生电子与吸附 O_2 的反应是提高其光催化性能的关键。笔者课题组基于前期工作发现,通过磷酸修饰可以增强半导体光催化剂(TiO_2、$g-C_3N_4$ 等)表面吸附 O_2 的能力。这是因为磷酸作为一种三元无机弱酸,其多羟基结构能够通过形成化学键稳定地修饰在半导体光催化剂表面。磷酸的表面修饰被认为是一种有效提高催化剂表面吸附 O_2 能力的方法。通过更加简单、有效的磷酸修饰策略提高半导体光催化剂表面的氧吸附能力可能是提高其光催化性能的关键手段之一。

Li 等将 BiOCl 与还原氧化石墨烯(RGO)偶联,然后用磷酸改性,使 BiOCl 光阳极对水氧化生成 O_2 和甲基橙(MO)降解的光电催化活性得到了极大的提高。Chu 和 Gao 等也都通过磷酸的修饰来促进催化剂表面吸附 O_2,进而提高催化剂的活性。

1.6.3.2 构建平台

对于大多数宽带隙半导体(如 TiO_2、ZnO、SnO_2 等)而言,它们的导带位置往往足够负,热力学还原能力强,利于引发光催化还原反应,但是不符合现实中利用可见光的需求。对于利用可见光的窄带隙半导体光催化剂(如 Fe_2O_3、BiOBr、Bi_2O_3、$g-C_3N_4$ 等)来讲,其价带位置足够正意味着空穴的氧化能力较强,进而可以引发有机物氧化、水氧化等反应。但是值得注意的是,其导带底能级位置往往低于标准氢电极电势(0 V vs. NHE),以及 O_2 还原电位(略微高于 0 V vs. NHE)。例如 Fe_2O_3、$BiVO_4$ 等光催化剂即使加入 Pt 助催化剂,仍然达不到催化还原水析氢的性能,这主要就是由于其光生电子的还原能力不够。因此,从热力学上调控光生电子有望成为改善这些窄带隙半导体光催化还原性能,促进光生电荷分离的关键。

根据图 1-8 所示,基于半导体光物理过程可知,大多数窄带隙半导体导带底上方具有许多高于 0 eV 的连续能级,当有波长能量大于其带隙能的光激发半导体材料时,光生电子被激发到其导带底能级上方的连续能级上,被称为“适当水平能级电子”。此时它们在热力学上具有较高的氧化还原电位,容易发生还原反应,然而这些电子的寿命较短,容易在短时间内弛豫回导带,与空穴发生复合,失去还原能力,因此不能被有效利用。构筑复合体被认为是实现光生载流子空间分离、抑制复合的有效手段。基于我们之前的研究发现，将一些导带位置合理的宽带隙半导体（如 TiO_2、SnO_2）作为适当水平能级电子的接收平台复合在窄带隙半导体上的改性策略延长了光生电子寿命，抑制其与空穴复合的同时提高了 $BiVO_4$、Fe_2O_3 等窄带隙半导体的光催化性能。该策略的成功实现依赖于选择适当水平能级电子接收平台的光催化材料和有效的构建方法。在实现光生高能级电子有效分离、转移的基础上，进一步提高材料表面的催化能力，促进这部分电子引发目标还原反应，无疑将成为大幅改善该体系光催化性能的关键。

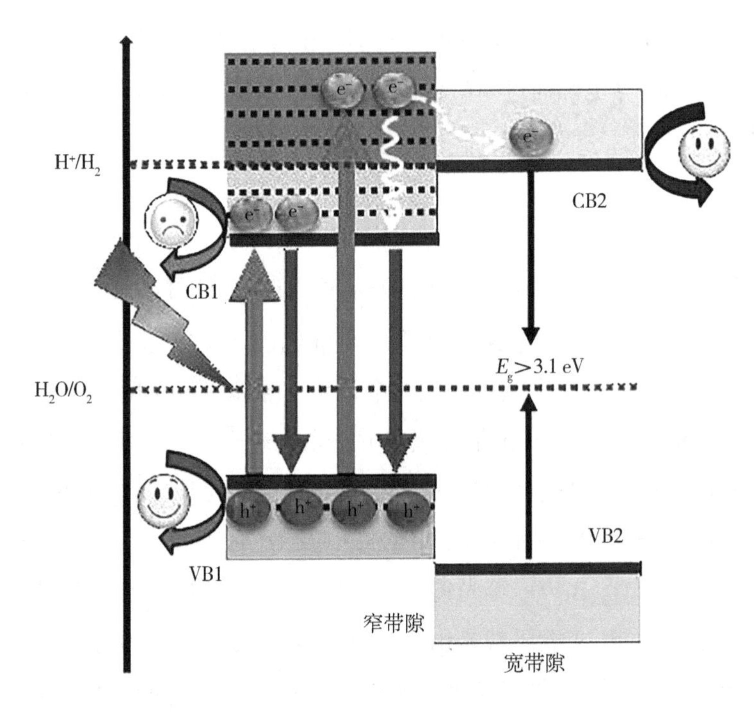

图 1-8 窄带隙半导体适当水平能级电子转移示意图

利用平台引入策略，由宽带隙金属氧化物 TiO_2、SnO_2 等构筑了很多复合体系。应用该策略制备的 TiO_2/g-C_3N_4、TiO_2/Bi_2WO_6、SnO_2/$LaFeO_3$ 在提高有机污染物降解活性方面被广泛报道。Zada 等将 TiO_2 作为 g-C_3N_4 的光生电子转移平台，再修饰具有表面等离子激元的 Au 纳米粒子，促进了可见光吸收和电荷分离，使得该催化剂在可见光下降解 2,4-二氯苯酚的活性大幅提升。Ali 等通过共沉淀法成功合成了 TiO_2 修饰的 ZnO/SnO_2 纳米蜂窝状自组装结构,该结构中 TiO_2 促进了 ZnO/SnO_2 的电荷分离,延长了电荷寿命,提升了该催化剂降解2,4-二氯苯酚和双酚 A 的光催化活性。

1.6.3.3 吸附诱导

在光催化反应过程中,活性物种以超氧自由基离子、羟基自由基为主,空穴则很少作为主要活性物种诱导光催化过程,这是因为大多数的光催化体系光生空穴会优先转化成为羟基自由基,在转化过程中会有一定量光生载流子的损失,进而影响光催化性能。同时空穴作为活性物种对光催化材料的吸附性能有比较高的要求。在光生空穴转化为羟基自由基之前有效地增强吸附效果,使空穴直接进攻污染物,第一时间发生直接诱导氧化还原反应,有效利用空穴作为诱导光催化反应的主要活性物种是一种提高光催化活性的策略,对其的研究取得了一定的进展。全氟羧酸、全氟辛酸等碳链上的氢原子被氟原子取代后,对羟基自由基表现出惰性,甚至还会有污染物对超氧自由基离子也表现出惰性,此时必须选择空穴作为活性物种进攻有机污染物。

有效地采用空穴直接诱导氧化还受制于热力学和动力学因素。选择价带更正的光催化剂可以为空穴提供热力学驱动力,较高的电荷分离效率更可以在动力学上促进空穴对有机污染物的降解。可以采用的方式有催化剂表面卤化或氯掺杂,这样不但可以提高催化剂吸附效果,同时可以促进电荷分离,还可以引入表面基团使得催化剂表面与有机污染物以单齿、双齿或桥联形式连接,同样有利于提高催化剂的吸附性能。增加氧空位、加入强酸、负载气凝胶、掺杂金属离子、负载 Al-MOF 等方法也可以有效地提高催化剂的吸附性能,致使空穴直接诱导降解有机污染物。

1.6.3.4 构建 Z 型异质结

半导体异质结的构造能促进光生电子和空穴的分离,是增强半导体光催化性能的一种有效途径。按照异质结类型区分,半导体复合光催化剂可以分为Ⅰ型异质结、Ⅱ型异质结和 Z 型异质结。构筑 Z 型异质结成为解决半导体光催化活性差问题的有效途径。在光照下光催化剂被激发后,PS Ⅱ导带上产生的光生电子直接转移到 PS Ⅰ的价带上,被空间分离的 PS Ⅱ价带的空穴和 PS Ⅰ导带的电子分别驱动光氧化反应和光还原反应，能大大地提高电荷分离效率，导致光催化活性的提高。

通过构建Z型异质结光催化剂来降解环境中有机污染物的研究已有很多报道，涉及 Co_3O_4/TiO_2、Cu_2S/Bi_2WO_6 和 WO_3/ZnS 等。例如 Wu 等通过构建Z型异质结光催化剂来提升 TiO_2 纳米管的光催化活性，TiO_2 的光生电子与多孔 g-C_3N_4 中的光生空穴复合，使得 TiO_2 纳米管产生的空穴更多地用于污染物降解。与裸 TiO_2 纳米管相比，Z型异质结光催化剂光催化降解2,4-二氯苯酚的性能明显提高。Sun 等通过新颖的原位沉积和光还原方法制备了一种新型的全固态 Pt 桥 $SnO_2/Pt/In_2O_3$ Z型异质结光催化剂，制备的复合材料的可见光吸收能力显著提高，可见光下对2,4-二氯苯酚（50 $mg \cdot L^{-1}$）的光催化降解效率比纯 In_2O_3 高9.36倍。Zhou 等制备了 WO_3/g-C_3N_4 Z型异质结光催化剂，由于Z型结构中光生载流子的快速转移，可见光下降解烯啶虫胺（NTP）的光催化活性明显提高。Tang 等制备了双Z型异质结光催化剂 AgI/Ag_3PO_4/g-C_3N_4，该Z型异质结使光生电子-空穴对的分离效率显著提高，有利于提高对典型的新烟碱类农药的光催化降解活性。

可见，通过光生电荷调控策略可以有效提高电荷分离效率。光催化材料调控策略与转化机制之间的关系还不明确，调控策略与光催化降解过程的活性物种、中间产物及目标产物之间具有什么联系还需要深入探究，以便为改善光催化性能，实现有机污染物的矿化或者选择性转化提供试验依据。

发展有效利用太阳能的光催化技术有望解决水体环境有机物污染问题。近年来，窄带隙半导体光催化剂因其较宽的太阳光利用范围，表现出巨大的应用潜力，受到了科研工作者们更多的关注。然而，窄带隙半导体目前还存在光生电荷分离能力较差、污染物降解过程机制不清楚等关键问题亟待解决。特别是不同电荷分离调控策略对污染物降解过程机制的影响，还缺少深入的比较研究。基于此，本书选取典型有机污染物氯酚和嗪草酮作为研究对象，围绕无机含铋氧化物（BiOBr、Bi_2O_3）和有机半导体（g-C_3N_4）经典窄带隙光催化材料，通过不同的光生电荷分离调控策略，探索电荷调控对光催化剂电荷分离过程、自由基物种产生和降解机制的影响，为进一步构建高效光催化降解典型有机污染物新体系提供参考，以更好地解决环境污染问题。

参考文献

[1]任钢锋. 城市污水处理厂对污水中环境激素类污染物的综合处理研究[J]. 中国资源综合利用, 2021, 39(2): 176-179.

[2]赵启源, 冉秀芳, 王苏苏, 等. 环境污染物暴露与儿童自闭症的研究进展[J]. 中国妇幼健康研究, 2023, 34(4): 60-66.

[3]张洋阳, 邓贺天, 潘旸, 等. 饮用水中卤代苯酚类消毒副产物的生成条件研究[J]. 环境科学与管理, 2020, 45(1): 53-58.

[4]姜思佳, 张碧涵, 单潇清, 等. 热活化过硫酸钠氧化降解水中2,4-二氯苯酚的研究[J]. 现代化工, 2019, 39(4): 94-98.

[5]王照友, 胥小荣, 王艳英, 等. 白酒中邻苯二甲酸酯类塑化剂检测技术研究进展[J]. 2021, 2(6): 178-179.

[6]许杉, 向楷, 刘铮, 等. 加速溶剂萃取法测定土壤和大气颗粒物中的多环芳烃和邻苯二甲酸酯[J]. 分析科学学报, 2023, 39(1): 47-53.

[7]高海涛, 杨敏, 秦畅, 等. 邻苯二甲酸酯类暴露致雄性生殖毒性机制的研究进展[J]. 毒理学杂志, 2021, 35(1): 77-82.

[8]刘正丹, 汪耀, 韩清, 等. 超声萃取-气相色谱-质谱法测定空气颗粒物中邻苯二甲酸酯类化合物[J]. 中国卫生检验杂志, 2020, 30(16): 1927-1931.

[9]康美婷, 贾成俊, 韩天玮. 液液萃取-气相色谱/质谱法测定水质中邻苯二甲酸酯类污染物[J]. 生物化工, 2019, 5(5): 34-38.

[10]姚旺, 徐若竹, 孙瑞婷, 等. 基于低共熔溶剂的悬浮固化分散液液微萃取测定水体中4种邻苯二甲酸酯[J]. 分析试验室, 2023, 42(7): 910-916.

[11]赵苑伶. 分散液液微萃取技术在环境中邻苯二甲酸酯残留分析的应用研究进展[J]. 化工管理, 2022, 627(12): 58-61.

[12]姚少芳. 气相色谱-质谱联用仪测定整颗鱼油胶囊中7种邻苯二甲酸酯的含量[J]. 现代食品, 2021(12): 188-192.

[13]石飞云, 徐梦媛, 靳艺, 等. 高效液相色谱-串联质谱法同时测定尿液中12种邻苯二甲酸酯类代谢物的含量[J]. 理化检验-化学分册, 2022, 58

(6): 708-714.

[14]王桂珍, 张飞. 快速溶剂萃取-GC-MS/MS 测定土壤中邻苯二甲酸酯类化合物[J]. 中国农学通报, 2022, 38(31): 101-104.

[15]郭鹏, 李正斌, 王监宗, 等. 嗪草酮农药含盐有机废水处理工艺研究[J]. 山东化工, 2022, 51(10): 190-192, 196.

[16]李巧, 朱明, 王缅, 等. 中国与欧盟美国日本等国三嗪类农药残留限量法规差异性研究[J]. 农业与技术, 2021, 41(3): 24-29.

[17]欧阳文森, 喻快, 邓小军, 等. 苯嗪草酮对 2 种淡水水生植物的生长抑制影响[J]. 中国农学通报, 2020, 36(18): 154-159.

[18]何漪, 朱莎, 刘月月, 等. 环境大气颗粒物中草甘膦的加速溶剂萃取-离子色谱测定法[J]. 职业与健康, 2022, 38(24): 3352-3355.

[19]许杉, 向楷, 刘铮, 等. 加速溶剂萃取法测定土壤和大气颗粒物中的多环芳烃和邻苯二甲酸酯[J]. 分析科学学报, 2023, 39(1): 47-53.

[20]唐会智, 宋冬梅. 加速溶剂萃取-QuEChERS-气相色谱质谱联用法测定土壤中增塑剂[J]. 分析测试技术与仪器, 2023, 29(1): 105-110.

[21]潘晓春. 全自动加速溶剂萃取-高效液相色谱-串联质谱法测定土壤中 6 种抗生素的残留量[J]. 理化检验-化学分册, 2023, 59(3): 337-341.

[22]金静, 刘洪媛, 薛会福, 等. 加速溶剂萃取-分子筛固相萃取-气相色谱-串联质谱法测定土壤中多氯萘[J]. 色谱, 2022,40(10): 937-943.

[23]刘媛媛, 张倩, 梁涛, 等. 加速溶剂萃取-在线净化-液相色谱串联质谱法检测污泥堆肥样品中三氯生和三氯卡班[J]. 环境监控与预警, 2022, 14(5): 82-87.

[24]蔡邦成, 赵胜豪, 张卫东. 加速溶剂萃取-GC-MS/MS 法测定杨梅种植土壤中 5 种菊酯类农药[J]. 食品工业, 2020, 41(5): 307-309.

[25]仇秀梅, 董学林, 宋洲, 等. 加速溶剂萃取-GC/MS 法测定土壤中多环芳烃[J]. 资源环境与工程, 2019, 33(4): 578-582.

[26]吴克刚, 徐强, 张强. 加速溶剂萃取-固相萃取-气相色谱串联质谱测定土壤中的乙草胺[J]. 分析试验室, 2020, 39(1): 39-43.

[27]徐豪, 钱家亮, 陈伟, 等. 分散液相微萃取-GC-MS/MS 分析葡萄酒中 12 种农药残留[J]. 食品工业, 2019, 40(11): 304-308.

[28]徐豪，钱家亮，李洋，等. 分散液相微萃取-气相色谱串联质谱法测定茶饮料中联苯菊酯[J]. 食品安全质量检测学报，2020，11(6)：1779-1783.

[29]王春燕，袁悦，王倩，等. 分散液相微萃取联合气相色谱质谱检测水中 11 种有机磷农药和阿特拉津方法的建立[J]. 四川大学学报(医学版)，2017，48(5)：763-767.

[30]丁明珍，彭璟，马少玲，等. 分散液相微萃取-气相色谱-质谱法测定环境水样中 5 种芳香胺的含量[J]. 理化检验-化学分册，2018，54(10)：1172-1176.

[31]周卿，杨鑫. 分散液相微萃取-气相色谱法快速测定党参中 10 种有机氯类农药残留[J]. 理化检验-化学分册，2019，55(6)：672-676.

[32]黄晶，苗金星，梅昌盛. 分散液相微萃取-气相色谱法测定地表水中苯系物及其条件优化[J]. 化工安全与环境，2022，35(43)：6-9.

[33]郑凤家，刘娜，王林，等. 分散液相微萃取-高效液相色谱法测定婴幼儿血清中美罗培南的含量[J]. 理化检验-化学分册，2022，58(1)：99-102.

[34]王利民，战书涵，裴晓洋，等. 竹炭固相萃取-分散液相微萃取-气相色谱/质谱检测水中酰胺类除草剂[J]. 广东化工，2018，45(11)：252-254.

[35]龙泽荣，彭玉梅，刘勇，等. 离子液体单滴微萃取-超高效液相色谱联用测定食品塑料包装材料中 5 种邻苯二甲酸酯的研究[J]. 食品工业科技，2018，39(6)：227-231.

[36]金超，罗克菊，杨显双，等. 离子液体-分散液液微萃取-比色法测定水样中痕量铁[J]. 分析试验室，2021，40(9)：1035-1038.

[37]彭帆，谭雨嫣，张珊珊，等. 离子液体分散液液微萃取-高效液相色谱分析苹果中有机磷农药残留[J]. 湖北大学学报(自然科学版)，2021，43(2)：109-115.

[38]王玲玲，王静，杜丽佳，等. 离子液体-分散液液微萃取结合高效液相色谱法快速分析茯苓中氰戊菊酯和联苯菊酯农药残留[J]. 广东化工，2023，50(6)：161-163，194.

[39]赵文霏，井冲冲，荆旭，等. 离子液体分散液液微萃取-水相固化-高效液相色谱法测定食用菌中 3 种拟除虫菊酯类农药的残留量[J]. 理化检验-化学分册，2020，56(5)：577-582.

[40]孙倩，戴浩强，陈佩佩，等. 多功能离子液体分散液液微萃取结合高效液相色谱法检测人尿中5种邻苯二甲酸酯代谢物[J]. 色谱，2020，38(8)：929-936.

[41]龚爱琴，金党琴. 超声辅助离子液体分散液液微萃取/高效液相色谱法测定新型抗艾药ACC007[J]. 分析测试学报，2021，40(3)：396-400.

[42]徐蕊，高仕谦，吴友谊，等. 无分散剂微波辅助离子液体分散液液微萃取/胶束电动色谱检测食用油中丙烯酰胺和5-羟甲基糠醛残留[J]. 分析测试学报，2020，39(6)：722-728.

[43]廖依依，唐丹，何心灵，等. 基于磁化原位离子液体分散液液微萃取测定天然椰子水中菊酯农药的含量[J]. 海南大学学报(自然科学版)，2019，37(1)：23-28.

[44]王绍峰，陈建军，王晓慧，等. 高级氧化处理有机磷农药废水研究进展[J]. 杭州电子科技大学学报，2017，37(5)：84-91.

[45]施晶莹，李灿. 太阳燃料：新一代绿色能源[J]. 科技导报，2020，38(23)：39-48.

[46]孙宁. 微纳分级结构 BI_2O_3 基光催化剂的制备及转化氯代酚过程机制[D]. 哈尔滨：黑龙江大学，2020.

[47]谢美仪. 基于离子液体-分散液液微萃取技术在水样和食用油中酚类污染物的研究[D]. 广州：广东药科大学，2021.

[48]张小婷. 基于高效液相色谱、分散液相微萃取及中空纤维细胞捕获技术的党参质量评价[D]. 太原：山西医科大学，2022.

[49]张露. 浙江沿岸海洋沉积物和生物体中邻苯二甲酸酯类环境激素检测技术研究及健康风险评估[D]. 舟山：浙江海洋大学，2018.

[50]IGHALO J O, ADENIYI A G, ADELODUN A A. Recent advances on the adsorption of herbicides and pesticides from polluted waters: Performance evaluation via physical attribute[J]. Journal of Industrial and Engineering Chemistry, 2021, 93: 117-137.

[51]BORA A P, GUPTA D P, DURBHA K S. Sewage sludge to bio-fuel: A review on the sustainable approach of transforming sewage waste to alternative fuel[J]. Fuel, 2020, 259: 116262.1-116262.25.

[52]LEKO M B, GUNJAČA I, PLEIČ N, et al. Environmental factors affecting thyroid-stimulating hormone and thyroid hormone levels[J]. International Journal of Molecular Sciences, 2021, 22(12): 6521.
[53]FLORES-CÉSPEDES F, DAZA-FERNÁNDEZ I, FERNÁNDEZ-PÉREZ M, et al. Lignin and ethylcellulose in controlled release formulations to reduce leaching of chloridazon and metribuzin in light-textured soils[J]. Journal of Hazardous Materilals, 2018, 343: 227-234.
[54]SUN X Y, LIU F, SHAN R F, et al. Spatiotemporal distributions of Cu, Zn, metribuzin, atrazine, and their transformation products in the surface water of a small plain stream in eastern China[J]. Environmental Monitoring and Assessment, 2019, 191(7): 1-13.
[55]JAIRTON D, DE SOUZA R F, SUAREET P A Z, et al. Ionic liquid(molten salt)phase organometallic catalysis[J]. Chemical Reviews, 2002, 102: 3667-3692.
[56]MONTEAGUDO J M, DURÁN A, SAN MARTÍN I, et al. Effect of sodium persulfate as electron acceptor on antipyrine degradation by solar TiO_2 or TiO_2/rGO photocatalysis[J]. Chemical Engineering Journal, 2019, 364: 257-268.
[57]YUE X C, MA N L, SONNE C, et al. Mitigation of indoor air pollution: A review of recent advances in adsorption materials and catalytic oxidation[J]. Journal of Hazardous Materials, 2021, 405: 124138.
[58]JIANG X Q, RUAN G H, DENG H F, et al. Synthesis of amphiphilic and porous copolymers through polymerization of high internal phase carboxylic carbon nanotubes emulsions and application as adsorbents for triazine herbicides analysis[J]. Chemical Engineering Journal, 2021, 415: 129005.
[59]XU J, SHENG T T, HU Y J, et al. Adsorption-dechlorination of 2,4-dichlorophenol using two specified MWCNTs-stabilized Pd/Fe nanocomposites[J]. Chemical Engineering Journal, 2013, 219: 162-173.
[60]HU S W, CHEN S. Large-Scale Membrane-and lignin-modified adsorbent-assisted Extraction and preconcentration of triazine analogs and aflatoxins[J].

International Journal of Molecular Sciences, 2017, 18(4): 801.

[61]LIU J W, PAN D D, WU X W, et al. Enhanced degradation of prometryn and other s－triazine herbicides in pure cultures and wastewater by polyvinyl alcohol–sodium alginate immobilized Leucobacter sp. JW－1[J]. Science of the Total Environment, 2018, 615: 78–86.

[62]KHRUNYK Y, SCHIEWER S, CARSTENS K L, et al. Uptake of C_{14}–atrazine by prairie grasses in a phytoremediation setting[J]. International Journal of Phytoremediation, 2017, 19(2): 104–112.

[63]MCKNIGHT A M, GANNON T W, YELVERTON F. Phytoremediation of azoxystrobin and imidacloprid by wetland plant species *Juncus effusus*, *Pontederia cordata* and *Sagittaria latifolia*[J]. International Journal of Phytoremediation, 2022, 24: 196–204.

[64]HUANG Y, LI W T, QIN L, et al. Distribution of endocrine－disrupting chemicals in colloidal and soluble phases in municipal secondary effluents and their removal by different advanced treatment processes[J]. Chemosphere, 2019, 219: 730–739.

[65]CHEN T, LIU Z Y, YAO J T, et al. Fenton–like degradation comparison of *s*–triazine herbicides in aqueous medium[J]. CLEAN–Soil Air Water, 2016, 44(10): 1315–1322.

[66]JIANG Z Y, WANG L Z, LEI J Y, et al. Photo–Fenton degradation of phenol by CdS/rGO/Fe^{2+} at natural pH with in situ–generated H_2O_2[J]. Applied Catalysis B: Environmental, 2019, 241: 367–374.

[67]BELLO M M, RAMAN A A A, ASGHAR A. A review on approaches for addressing the limitations of Fenton oxidation for recalcitrant wastewater treatment [J]. Process Safety and Environmental Protection, 2019, 126: 119–140.

[68]DURNA E, GENÇ N. Removal of metribuzin by sulfate radical–based photooxidation: multi－objective optimization by central composite design[J]. Water and Environment Journal, 2019, 33(2): 265–275.

[69]ZARE E N, IFTEKHAR S, PARK Y, et al. An overview on non–spherical semiconductors for heterogeneous photocatalytic degradation of organic water

contaminants[J]. Chemosphere, 2021, 280: 130907.

[70]ZHANG Z Q, BAI L L, LI Z J, et al. Review of strategies for the fabrication of heterojunctional nanocomposites as efficient visible-light catalysts by modulating excited electrons with appropriate thermodynamic energy[J]. Journal of Materials Chemistry A, 2019, 7(18): 10879-10897.

[71] WINDLE C D, WIECZOREK A, XIONG L, et al. Covalent grafting of molecular catalysts on $C_3N_xH_y$ as robust, efficient and well-defined photocatalysts for solar fuel synthesis [J]. Chemical Science, 2020, 11 (32): 8425-8432.

[72]KAUR R, KAUR H. Solar driven photocatalysis -an efficient method for removal of pesticides from water and wastewater[J]. Biointerface Research In Applied Chemistry, 2021, 11(2): 9071-9084.

[73]WANG Z, LI C, DOMEN K. Recent developments in heterogeneous photocatalysts for solar-driven overall water splitting[J]. Chemical Society Reviews, 2019, 48(7): 2109-2125.

[74]GUSAIN R, GUPTA K, JOSHI P, et al. Adsorptive removal and photocatalytic degradation of organic pollutants using metal oxides and their composites: A comprehensive review[J]. Advances in Colloid and Interface Science, 2019, 272: 102009.

[75]JING L Q, XU Y G, XIE M, et al. Three dimensional polyaniline/$MgIn_2S_4$ nanoflower photocatalysts accelerated interfacial charge transfer for the photoreduction of Cr(Ⅵ), photodegradation of organic pollution and photocatalytic H_2 production[J]. Chemical Engineering Journal, 2019, 360: 1601-1612.

[76]JAEGER C D, BARD A J. Spin trapping and electron spin resonance detection of radical intermediates in the photodecomposition of water at titanium dioxide particulate systems[J]. Journal of Physical Chemistry, 1979, 83(24): 3146-3152.

[77]HU J S, ZHANG P F, AN W J, et al. In-situ Fe-doped g-C_3N_4 heterogeneous catalyst via photocatalysis-Fenton reaction with enriched photocatalytic performance for removal of complex wastewater[J]. Applied Catalysis B: Environ-

mental, 2019, 245: 130-142.

[78]FU Z Q, WANG Y, LI Z Y, et al. Controllable synthesis of porous silver cyanamide nanocrystals with tunable morphologies for selective photocatalytic CO_2 reduction into CH_4[J]. Journal of Colloid and Interface science, 2021, 593: 152-161.

[79]YANG T T, PENG J M, ZHENG Y, et al. Enhanced photocatalytic ozonation degradation of organic pollutants by ZnO modified TiO_2 nanocomposites[J]. Applied Catalysis B: Environmental, 2018, 221: 223-234.

[80]GAO C M, WEI T, ZHANG Y Y, et al. A photoresponsive rutile TiO_2 heterojunction with enhanced electron-hole separation for high-performance hydrogen Eeevolution[J]. Advanced Materials, 2019, 31(8): 1806596.

[81]YANG T T, Enhanced photocatalytic ozonation degradation of organic pollutants by ZnO modified TiO_2 nanocomposites[J]. Applied Catalysis B: Environmental, 2018, 221: 223-234.

[82]CHEN D Y, HUANG S S, HUANG R T, et al. Construction of Ni-doped SnO_2-SnS_2 heterojunctions with synergistic effect for enhanced photodegradation activity[J]. Journal of Hazardous Materials, 2019, 368: 204-213.

[83]LIU D, CAI W B, WANG Y G, et al. Constructing a novel Bi_2SiO_5/$BiPO_4$ heterostructure with extended light response range and enhanced photocatalytic performance[J]. Applied Catalysis B: Environmental, 2018, 236: 205-211.

[84]SEKIZAWA K, SATO S, ARAI T, et al. Solar-dven photocatalytic CO_2 reduction in water utilizing a ruthenium complex catalyst on p-type Fe_2O_3 with a multiheterojunction[J]. ACS Catalysis, 2018, 8(2): 1405-1416.

[85]MA D M, TANG X L, LIU X, et al. Enhanced photocatalytic degradation of phenol and rhodamine B over flower-like BiOBr decorated by C_{70}[J]. Materials Research Bulletin, 2019, 118: 110521.

[86]ZHANG H G, ZHAO L Y, WANG L, et al. Fabrication of oxygen-vacancy-rich black-BiOBr/BiOBr heterojunction with enhanced photocatalytic activity [J]. Journal of Materials Science, 2020, 55(24): 10785-10795.

第2章　微波辅助离子液体微萃取土壤中残留农药

农药残留问题一直是环境保护的难题。其中相对繁重的工作就是把待测物从基质中萃取出来并纯化,尤其是从复杂基质中,比如土壤样品。通常采用的萃取方法有液液萃取法、超声萃取法、索氏萃取法以及固相萃取法,并结合气相色谱或液相色谱进行分析。然而,通常这些方法都有周期长、操作烦琐等缺点,还会消耗大量有毒、易挥发的有机溶剂。因此,发展一种高效、快速的少溶剂甚至无溶剂的样品前处理方法是现代分析化学研究的一个趋势。不断涌现出的新型萃取方式使得样品前处理方法日趋丰富,其中离子液体以其独特的物理化学性质已经崭露头角。离子液体由有机阳离子和无机或有机阴离子构成,作为一种绿色溶剂,以其独特的性质,如饱和蒸气压低、热稳定性好、对有机和无机分子的溶解性良好以及与水和有机溶剂易混合等,被广泛应用于合成、催化、分离和电化学反应等领域。近些年,离子液体越来越吸引人们的关注,越来越多地替代那些环境不友好溶剂。

目前,微波辅助萃取(MAE)法从固相基质中萃取有机化合物的优越性已经有目共睹。与传统和其他现代萃取方法相比,微波辅助萃取法效率高,而离子液体作为萃取溶剂,可以很好地吸收并传导微波能量,二者结合可以更加有效地从土壤中萃取残留农药。

本章利用离子液体作为萃取溶剂,结合微波辅助萃取法,建立一种新的分散液液微萃取技术——微波辅助离子液体微萃取法,对土壤样品中的残留农药进行萃取。该方法先利用水溶性较好的离子液体作为微波介质,通过微波处理对土壤样品中的待测物进行萃取,之后再加入一种离子对试剂,在溶液中通过化学反应与之前离子液体形成另一种疏水性离子液体，同时将待测物富集在其中，可以取过滤液引入高效液相色谱仪。该方法效率高，速度快，绿色无污染，能够达到土壤样品中残留农药的分析要求。

2.1 试验部分

2.1.1 仪器设备与材料

仪器设备：高效液相色谱仪，Zorbax Eclipse XDB－C_{18} 色谱柱（250 mm×4.6 mm，5 μm），微波消解系统，Allegra 64R 型高速冷冻离心机。

材料：乙腈（色谱纯），六氟磷酸铵（[NH_4][PF_6]），1-烷基-3-甲基咪唑离子液体（纯度>99%，包括[C_4MIM][BF_4]、[C_6MIM][BF_4]和[C_8MIM][BF_4]），去离子水，烯酰吗啉，苯噻酰草胺，稻瘟灵，噁草酮，其中 4 种农药的分子结构如图 2-1 所示。将所研究的化合物分别溶解于乙腈中，配成 1 000 μg · mL^{-1} 的标准储备液，保存于 4 ℃。

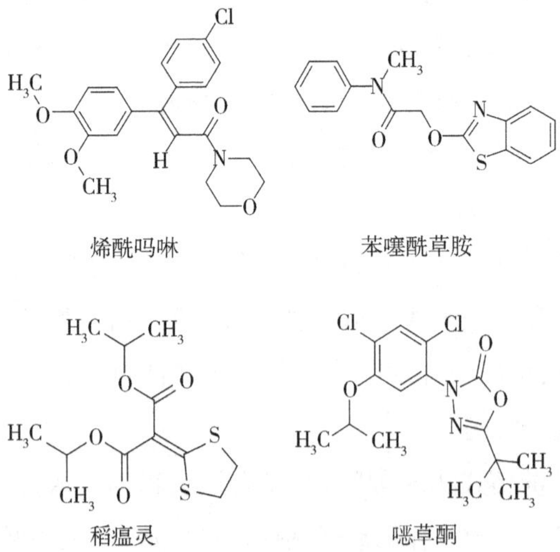

烯酰吗啉　苯噻酰草胺

稻瘟灵　噁草酮

图 2-1　农药的结构

2.1.2　样品制备

表层深度 20 cm 的 3 种土壤样品(1~3)取自黑龙江省哈尔滨市。土壤样品首先在常压下干燥,过 60 目筛以去除石块、植物根茎和其他较大颗粒。然后经粉碎机研磨,过 120 目筛,保存于干燥器中。

加标回收样品的制备:在处理好的土壤样品中添加一定量的农药标准溶液,用研钵缓慢研磨使之混合均匀,之后将加标样品置于室温下 6 h,以确保溶剂完全挥发。

2.1.3　试验条件

液相色谱条件:流动相流速为 1.0 mL · min^{-1}。流动相 A 和 B 分别为水和乙腈。

梯度洗脱条件:0 ~ 17 min, 5% ~ 70% B; 17 ~ 35 min, 70% ~ 80% B; 35~40 min,80%~5%B。柱温:30 ℃。进样体积:4 μL。检测波长:230 nm。

2.1.4　试验方法

准确称量 100 mg 土壤样品于微波浸提器中,加入 100 μL[C_4MIM][BF_4]和 10 mL 去离子水,振摇使之混合均匀后,将密闭的浸提器放置于微波消解系统中,在微波功率 300 W 条件下萃取 5 min。待浸提器冷却到室温后,将萃取液转移到离心管中,再加入 0.8 g[NH_4][PF_6]离子对试剂,由于[C_4MIM][PF_6]的生成而形成均匀分散的乳浊液。随着[C_4MIM][PF_6]的生成,待测物同时被富集到新生成的离子液体相中。在 5 ℃、15 000 r · min^{-1} 下离心 15 min,离子液体聚集在离心管底部,用微量注射器直接取试管底部离子液体,过 0.45 μm 滤膜后直接上机分析。

2.1.5　超声萃取法和索氏萃取法

准确称取 1.000 g 土壤样品于具塞锥形瓶中,准确加入 50.0 mL 乙腈,称量样品及锥形瓶总质量。超声萃取 40 min,冷却到室温,再次称量样品及锥形瓶,用乙腈补足缺失质量。振摇后将萃取液过 0.45 μm 滤膜,引入高效液相色谱仪。

准确称取 1.000 g 土壤样品于索氏萃取器的套管中,加入 150.0 mL 乙腈于索氏萃取器的蒸馏瓶中,萃取 4 h。将萃取液 40 ℃减压蒸馏至近干,最后用 1.0 mL 乙腈溶解,过 0.45 μm 滤膜后,直接进高效液相色谱仪。

2.2 结果与讨论

2.2.1 萃取条件

考察了萃取条件对回收率的影响,包括离子液体的结构、微波功率和萃取时间、样品量、萃取溶剂[C_4MIM][BF_4]的体积、[NH_4][PF_6]的加入量和离心时间。所有试验平行测定 3 次。

2.2.1.1 离子液体的结构

离子液体的结构直接影响着其物理化学性质,这也直接影响其对待测物的萃取效果。本章选取了 3 种离子液体作为萃取剂进行研究,包括[C_4MIM][BF_4]、[C_6MIM][BF_4]和[C_8MIM][BF_4],选取[NH_4][PF_6]作为离子对试剂。试验结果见图 2-2。从图中可以看出,随着离子液体烷基链由丁基增加到辛基,4 种待测物的回收率明显下降。这可能是因为烷基链的加长导致四氟硼酸盐离子液体与水的混溶性降低以及溶液黏稠度增加,传质速率降低。所以试验选择[C_4MIM][BF_4]作为萃取剂。

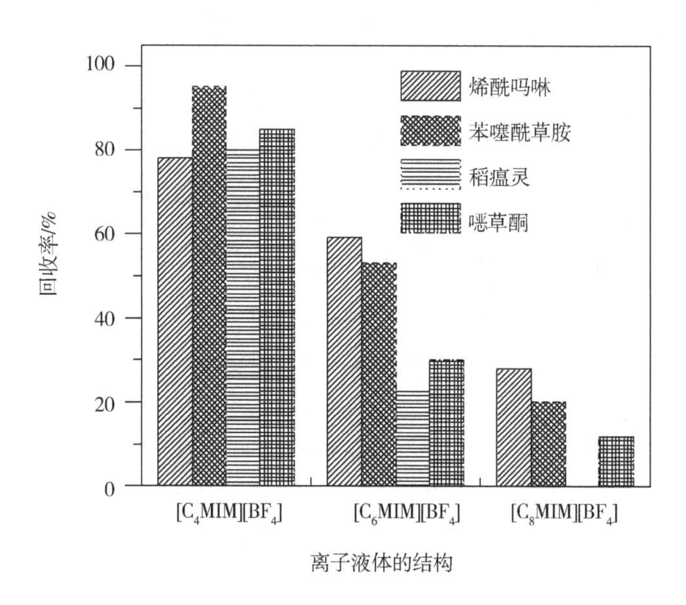

图 2-2　离子液体的结构的影响

2.2.1.2　微波功率和萃取时间

采用密闭微波消解系统,考察了微波功率对萃取效果的影响,微波功率为 0 W、100 W、200 W、300 W、400 W。试验结果如图 2-3 所示。随着微波功率由 0 W 增加到 300 W,回收率明显增加,当微波功率大于 300 W 时,待测物的回收率几乎保持不变。本章试验选择微波功率为 300 W。

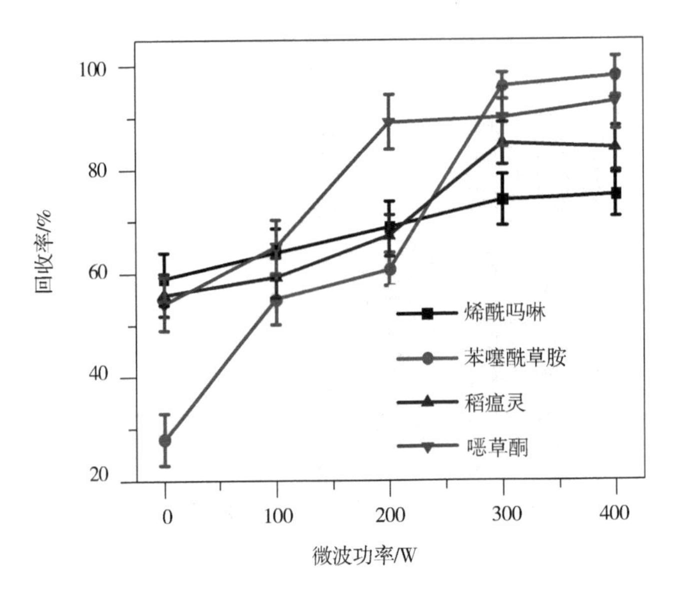

图 2-3 微波功率的影响

采用 300 W 微波功率萃取时，考察了萃取时间对萃取效果的影响，萃取时间为 2 min、4 min、5 min、6 min、8 min。试验结果如图 2-4 所示。萃取时间在 5 min 之前，回收率有明显增加；萃取时间在 5 min 后，待测物的回收率不再增加，反而有降低的趋势，这可能是由于萃取时间过长，萃取温度过高，导致待测物有所降解。所以，本书选择萃取时间为 5 min。

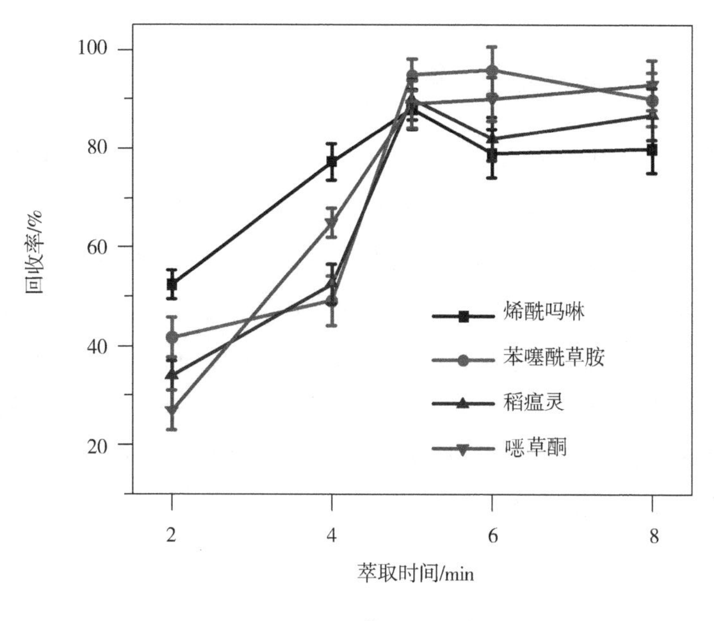

图 2-4　萃取时间的影响

2.2.1.3　样品量

试验考察了样品量对萃取效果的影响。试验结果表明,当样品量为 100 mg 时,待测物的回收率最高;当样品量为 1 g 或大于 1 g 时,待测物的回收率很低,这是因为当样品量增加时,基质效应增强,影响了对待测物的萃取效果。所以,本试验选择样品量为 100 mg。

2.2.1.4　萃取溶剂的体积

试验考察了萃取溶剂的体积对萃取效果的影响,萃取溶剂的体积分别为 50 μL、100 μL、200 μL、300 μL、400 μL。试验结果表明,萃取溶剂 $[C_4MIM][BF_4]$的体积增加对待测物回收率影响不明显。由于$[C_4MIM][BF_4]$的加入,体系的微波吸收能力有所增强,但是,随着$[C_4MIM][BF_4]$体积的增加,溶液的黏稠度增加,传质速率降低,最终会导致$[C_4MIM][BF_4]$更难穿透到样品基质内部;而且增加离子液体的体积还会降低富集倍数。当加入体积小于 100 μL 时,最终形成疏水性离子液体$[C_4MIM][PF_6]$的量较小,不利于进样针的直接吸取、过滤及进入高效液相色谱仪分析。所以本章试验选择萃取溶剂体积为 100 μL。

2.2.1.5 [NH_4][PF_6]的加入量

试验考察了离子对试剂[NH_4][PF_6]的加入量对萃取效果的影响,加入量分别为 0.6 g、0.7 g、0.8 g、0.9 g 和 1.0 g。试验结果表明,离子对试剂[NH_4][PF_6]的加入量对最终形成的疏水离子液体相体积有明显影响。在离子液体微萃取方法中,溶剂的萃取能力与离子液体的阳离子有关,[NH_4][PF_6]作为离子对试剂与之形成疏水性离子液体。当离子对试剂[NH_4][PF_6]加入量为 0.8 g 时,亲水性离子液体[C_4MIM][BF_4]与离子对试剂[NH_4][PF_6]的物质的量比大约为 1∶9,最终形成的疏水性离子液体体积最大,约为 70 μL。所以,本试验选择离子对试剂[NH_4][PF_6]的加入量为 0.8 g。

2.2.1.6 离心时间

为了达到好的分离效果,试验考察了离心时间对萃取效果的影响,离心时间为 5 min、10 min、15 min、20 min 和 25 min。试验结果表明,当离心时间为 15 min 时,待测物的回收率最高,所以,本章试验选择离心时间为 15 min。

2.2.2 方法评价

通过与标准物质的保留时间比较,对待测物进行定性分析。空白样品、标准溶液及加标样品的色谱图如图 2-5 所示。从图中可以看出,保留时间为 16.14 min 和 16.58 min 的两个色谱峰为烯酰吗啉的同分异构体,18.06 min 的色谱峰为苯噻酰草胺,19.08 min 的色谱峰为稻瘟灵,25.86 min 的色谱峰为噁草酮。

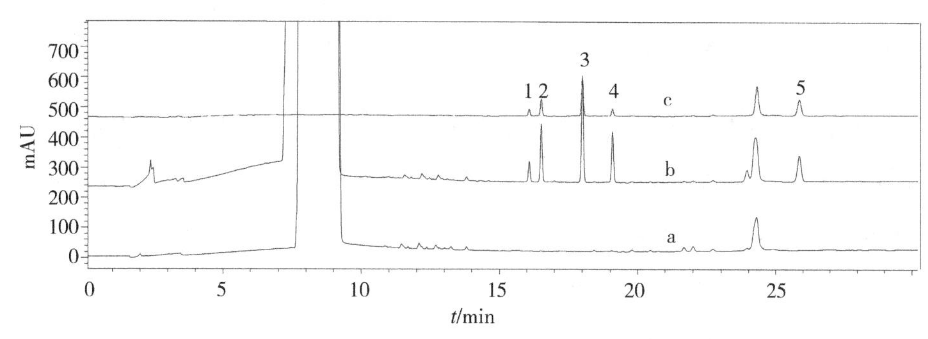

图 2-5　空白样品(a)、标准溶液(b)和加标样品(c)的色谱图

1、2—烯酰吗啉;3—苯噻酰草胺;4—稻瘟灵; 5—噁草酮。

2.2.2.1　工作曲线

将烯酰吗啉、苯噻酰草胺、稻瘟灵和噁草酮标准储备液混合并逐级稀释到适当浓度,配制成标准溶液系列。将一系列浓度的标准溶液加到空白土壤样品中,按照 2.1.4 的试验过程进行萃取后,引入高效液相色谱仪,在所给的色谱条件下测得峰面积值,以待测物浓度对峰面积绘制工作曲线。工作曲线线性回归方程、线性范围、相关系数、检出限和定量限如表 2-1 所示。

表 2-1　待测物的工作曲线线性回归方程、线性范围、相关系数、检出限和定量限

分析物	线性回归方程	线性范围/($ng \cdot g^{-1}$)	相关系数	检出限/($ng \cdot g^{-1}$)	定量限/($ng \cdot g^{-1}$)
烯酰吗啉	$A=0.1131C-1.0388$	35.0~1 400.0	0.999 0	7.0	23.3
苯噻酰草胺	$A=0.1544C-1.3563$	35.0~1 400.0	0.999 4	7.0	23.3
稻瘟灵	$A=0.0286C-1.0342$	70.0~2 800.0	0.998 8	19.6	64.7
噁草酮	$A=0.0436C-0.5758$	35.0~1 400.0	0.999 4	8.4	32.3

2.2.2.2 检出限和定量限

检出限和定量限是通过对平行处理的 12 个空白样品信号噪声的标准偏差计算得出的。烯酰吗啉、苯噻酰草胺、稻瘟灵和噁草酮的检出限分别为 7.0 $ng \cdot g^{-1}$、7.0 $ng \cdot g^{-1}$、19.6 $ng \cdot g^{-1}$、8.4 $ng \cdot g^{-1}$，定量限分别为 23.3 $ng \cdot g^{-1}$、23.3 $ng \cdot g^{-1}$、64.7 $ng \cdot g^{-1}$、32.3 $ng \cdot g^{-1}$。

2.2.2.3 适用性及精密度

选取不同区域的 3 种土壤样品，按照 2.1.4 的试验方法进行萃取分析，分析结果可以评价本章方法的适用性。试验结果表明，3 种土壤样品中均未检出烯酰吗啉、苯噻酰草胺、稻瘟灵和噁草酮。

对 3 种土壤样品添加一定量的标准溶液，按照 2.1.4 的试验方法进行萃取分析，分析结果的相对标准偏差可以评价本章方法的精密度。数据分析结果见表 2-2。精密度主要体现为日内精密度和日间精密度，日内精密度小于等于 5.31%，日间精密度小于等于 5.45%。试验结果表明，该方法的重现性较好，适合土壤中农药残留的分析。

表 2-2 分析方法的精密度

样品	分析物	标高/($ng \cdot g^{-1}$)	日内精密度/% (n=3)	日间精密度/% (n=3)
1	烯酰吗啉	140	5.31	5.45
	苯噻酰草胺		5.08	5.20
	稻瘟灵		4.11	4.04
	噁草酮		5.01	5.22
2	烯酰吗啉	140	5.07	5.33
	苯噻酰草胺		5.28	5.35
	稻瘟灵		4.03	4.15
	噁草酮		5.05	5.12
3	烯酰吗啉	140	5.17	5.36
	苯噻酰草胺		5.11	5.27
	稻瘟灵		3.92	4.08
	噁草酮		4.97	5.20

2.2.2.4　回收率

在 3 种空白土壤样品中分别加入不同浓度的标准物质,得到 2 个浓度水平的加标样品,每个浓度水平样品平行测定 6 份,按照 2.1.4 的试验方法进行萃取分析,结果见表 2-3。结果表明,烯酰吗啉的回收率为 74.2%~88.3%,相对标准偏差为 5.20%~5.97%;苯噻酰草胺的回收率为 75.9%~97.9%,相对标准偏差为 3.32%~5.32%;稻瘟灵的回收率为 80.0%~93.7%,相对标准偏差为 4.00%~4.34%;噁草酮的回收率为 89.1%~93.7%,相对标准偏差为 4.74%~5.12%。以上表明该方法的回收率良好,测定结果准确。

表 2-3　回收率

样品	分析物	标高/（ng·g^{-1}）	回收率/%	相对标准偏差/%（n=6）
1	烯酰吗啉	35	74.2	5.97
		140	88.1	5.38
	苯噻酰草胺	35	96.5	3.62
		140	75.9	5.14
	稻瘟灵	70	82.7	4.34
		140	90.5	4.08
	噁草酮	35	90.1	4.78
		140	89.5	5.12
2	烯酰吗啉	35	78.0	5.74
		140	85.8	5.20
	苯噻酰草胺	35	95.9	3.34
		140	78.6	5.32
	稻瘟灵	70	80.0	4.12
		140	93.7	4.09
	噁草酮	35	89.1	4.80
		140	91.8	5.08

续表

样品	分析物	标高/(ng·g^{-1})	回收率/%	相对标准偏差/%(n=6)
3	烯酰吗啉	35	76.6	5.76
		140	88.3	5.26
	苯噻酰草胺	35	97.9	3.32
		140	78.6	5.19
	稻瘟灵	70	81.5	4.16
		140	92.9	4.00
	噁草酮	35	90.1	4.74
		140	93.7	5.08

2.2.2.5 与其他萃取方法的比较

本章以加标土壤样品1为基质,将微波辅助离子液体微萃取法与超声萃取法和索氏萃取法进行了比较,比较结果如表2-4所示。试验结果表明,在回收率方面3种萃取方法没有明显差异,与超声萃取法和索氏萃取法相比,微波辅助离子液体微萃取法具有萃取溶剂少(0.10 mL)、萃取时间短(16 min)、样品用量小(100 mg)、萃取溶剂无毒等优点,能够满足土壤样品中农药残留的分析要求。

表2-4 萃取方法的比较

	微波辅助离子液体微萃取法	超声萃取法	索氏萃取法
样品量/mg	100	1 000	1 000
溶剂	1-己基-3-甲基咪唑四氟硼酸盐	乙腈	乙腈
萃取溶剂体积/mL	0.10	50.0	150.0
萃取时间/min	16	40	240
回收率/%	74.2~97.9	74.1~99.1	76.0~98.3

2.3 小结

本章建立了一种绿色高效的微波辅助离子液体微萃取法,并结合高效液相色谱法对土壤样品中的 4 种农药进行萃取,优化了影响萃取的各种因素,如离子液体的结构、萃取溶剂[C_4MIM][BF_4]的体积、[MH_4][PF_6]的加入量、微波功率及萃取时间、离心时间。在最佳的试验条件下,回收率为 74.2%~97.9%,相对标准偏差小于 5.97%,试验结果能够满足土壤样品中农药残留的分析要求。

参考文献

[1]ROUVIÈRE F, BULETÉ A, CREN-OLIVÉ C, et al. Multiresidue analysis of aromatic organochlorines in soil by gas chromatography-mass spectrometry and QuEChERS extraction based on water/dichloromethane partitioning. Comparison with accelerated solvent extraction[J]. Talanta, 2012, 93: 336-344.

[2]FERNANDEZ-ALVAREZ M, LLOMPART M, PABLO L J, et al. Simultaneous determination of traces of pyrethroids, organochlorines and other main plant protection agents in agricultural soils by headspace solid-phase microextraction-gas chromatograp[J]. Journal of Chromatography A, 2008, 1188(2): 154-163.

[3]NAEENI M H, YAMINI Y, REZAEE M. Combination of supercritical fluid extraction with dispersive liquid-liquid microextraction for extraction of organophosphorus pesticides from soil and marine sediment samples[J]. The Journal of Supercritical Fluids, 2011, 57(3): 219-226.

[4]SALEMI A, RASOOLZADEH R, NEJAD M M, et al. Ultrasonic assisted headspace single drop micro-extraction and gas chromatography with nitrogen-phosphorus detector for determination of organophosphorus pesticides in soil[J]. Analytica Chimica Acta, 2013, 769: 121-126.

[5]ENE A, BOGDEVICH O, SION A, et al. Determination of polycyclic aromatic hydrocarbons by gas chromatography - mass spectrometry in soils from

Southeastern Romania[J]. Microchemical Journal, 2012, 100: 36-41.

[6] AMEZCUA-ALLIERI M A, ÁVILA-CHÁVEZ M A, TREJO A, et al. Removal of polycyclic aromatic hydrocarbons from soil: A comparison between bioremoval and supercritical fluids extraction[J]. Chemosphere, 2012, 86(10): 985-993.

[7] WANG H, LI G J, ZHANG Y Q. Determination of triazine herbicides in cereals using dynamic microwave-assisted extraction with solidification of floating organic drop followed by high-performance liquid chromatography[J]. Journal of Chromatography A, 2012, 1233(13): 36-43.

第3章 超声辅助离子液体微萃取土壤中的磺酰脲类除草剂

磺酰脲类除草剂由芳环、磺酰脲桥和杂环三部分组成,为内吸传导型选择性除草剂,通过作用于植物体内的乙酰乳酸合成酶抑制植物根和幼芽顶端生长,从而达到杀死杂草的目的。目前磺酰脲类除草剂是世界上用量最大的一类除草剂,该类除草剂为高效、广谱的选择性除草剂,广泛用于防除稻田、大豆田、玉米田、小麦田、油菜田等中的杂草。该类除草剂在土壤等环境中存在一定残留,严重影响农业生产。由于它具有极高的活性和极强的选择性,对不同作物的敏感性差异很大,其残留会对后茬敏感作物产生药害,因此探明土壤中磺酰脲类除草剂的残留量,特别是寻找出高灵敏度的残留量分析方法对控制其残留具有重要的意义。

目前,磺酰脲类除草剂残留分析的检测方法主要有酶联免疫(ELISA)法、毛细管电泳(CE)法、高效薄层色谱(HPTLC)法、高效液相色谱(HPLC)法、液相色谱-质谱联用(LC-MS或LC-MS/MS)法等。酶联免疫法操作简便,检测速度快,但经其筛选的阳性样品或可疑样品必须用质谱进行确认。高效薄层色谱法是开放性试验过程,受环境因素的影响较大,试验的可重复性有待提高。高效液相色谱法是磺酰脲类除草剂残留分析最常用的方法,这是由于该类化合物200~260 nm处有最强紫外吸收。磺酰脲类除草剂由于残留量较小,因此样品萃取技术成为关键,目前用得较多的方法是液-液萃取法、固相萃取法、超临界流体萃取法、薄层色谱法、微波辅助萃取法、超声萃取法。

本章基于离子液体和超声萃取法的优点建立了一种以离子液体1-己基-3-甲基-咪唑四氟硼酸盐([C_6MIM][BF_4])为萃取剂的超声辅助萃取技术,对土壤样品中的磺酰脲类除草剂进行萃取。优化影响萃取效果的因素后，与超声萃取法和索氏萃取法进行比较。该方法有较高的回收率，操作简单，速度快，无污染。

3.1 试验部分

3.1.1 仪器设备与材料

仪器设备：高效液相色谱仪，Zorbax Eclipse XDB－C_{18} 色谱柱（250 mm×4.6 mm，5 μm），超声清洗器，SH－36 型涡旋混合器。

材料：乙腈（色谱纯），1－烷基－3 甲基－咪唑四氟硼酸盐（纯度> 99%，包括[C_2MIM][BF_4]、[C_4MIM][BF_4]、[C_6MIM][BF_4]和[C_8MIM][BF_4]），1－烷基－3－甲基－咪唑六氟磷酸盐（纯度> 99%，包括[C_4MIM][PF_6]、[C_6MIM][PF_6]、[C_8MIM][PF_6]），超纯水（过 0.45 μm 滤膜），烟嘧磺隆，甲磺隆，苄嘧磺隆，吡嘧磺隆，其中四种农药的分子结构如图 3－1。将待研究的化合物分别溶解于乙腈中，配成 1 000 μg·mL^{-1} 的标准储备液，保存于 4 ℃。

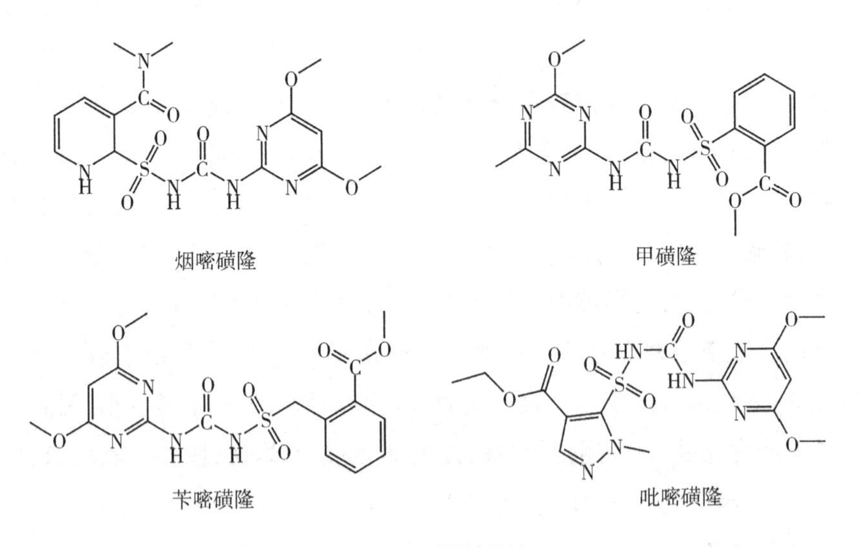

图 3－1 农药的结构

3.1.2　样品制备

表层深度 20 cm 的三种土壤样品(1~3)取自黑龙江省哈尔滨市。土壤样品首先在常压下干燥,过 60 目筛以去除石块、植物根茎和其他较大颗粒。然后经粉碎机研磨,过 120 目筛,保存于干燥器中。

加标回收样品的制备:在处理好的土壤样品中添加一定量的磺酰脲类除草剂标准溶液,用研钵缓慢研磨使之混合均匀,之后将加标样品置于室温下 6 h,以确保溶剂完全挥发。

3.1.3　试验条件

液相色谱条件:流动相流速为 1.0 $mL \cdot min^{-1}$。流动相 A 和 B 分别为 0.1%乙酸水溶液和乙腈。梯度洗脱条件为:0~12 min,10%~40%B;12~20 min,40%~45%B;20~30 min,45%~65%B,30~35 min,65%~10%B。柱温:30 ℃。进样体积:10 μL。检测波长:239 nm。

3.1.4　试验方法

将 150 μL $[C_6MIM][BF_4]$ 离子液体加入 2.0 mL 离心管中,再准确称量 100 mg 土壤样品于离心管中,涡旋混合均匀,放入超声清洗器中进行超声辅助萃取。调节超声条件:水浴温度为 20 ℃,功率为 400 W,时间为 5 min。将悬浊液过 0.45 μm 滤膜后,用微量注射器直接吸取滤液引入高效液相色谱仪。

3.1.5　超声萃取法和索氏萃取法

准确称取 1.000 g 土壤样品于具塞锥形瓶中,准确加入 50.0 mL 乙腈,称量样品及锥形瓶总质量。超声萃取 40 min,冷却到室温,再次称量样品及锥形瓶,用乙腈补足缺失质量。振摇后将萃取液过 0.45 μm 滤膜,引入高效液相色谱仪进行分析。

准确称取 1.000 g 土壤样品于索氏萃取器的套管中，加入 150.0 mL 乙腈于索氏萃取器的蒸馏瓶中，萃取 4 h。将萃取液 40 ℃减压蒸馏至近干，最后用 1.0 mL 乙腈溶解，过滤膜后，直接进高效液相色谱仪分析。

3.2 结果与讨论

3.2.1 萃取条件

考察了萃取条件对回收率的影响，包括离子液体的结构、超声功率、萃取时间、样品量、萃取溶剂[C_6MIM][BF_4]的体积。所有试验平行测定三次。

3.2.1.1 离子液体的结构

离子液体的结构直接影响着其物理化学性质，这也直接影响其对待测物的萃取效果。选取了七种离子液体作为萃取剂，包括[C_2MIM][BF_4]、[C_4MIM][BF_4]、[C_6MIM][BF_4]、[C_8MIM][BF_4]、[C_4MIM][PF_6]、[C_6MIM][PF_6]和[C_8MIM][PF_6]，对加标土壤样品进行萃取，萃取结果见图 3-2。从图中可以看出，当阴离子是[BF_4]$^-$时，待测物的回收率随着离子液体的烷基链由乙基到己基大体上呈现增加趋势，当烷基链增加到辛基时，回收率略有降低；当阴离子是[PF_6]$^-$时，待测物的回收率随着烷基链由丁基到辛基呈现增加的趋势，尤其是烷基链为辛基时，回收率明显增加，与[C_6MIM][BF_4]的结果相差无几。这主要是由于离子液体[C_6MIM][BF_4]和[C_8MIM][PF_6]的极性与磺酰脲类除草剂最相近，萃取率更高。考虑到烷基链为辛基的离子液体具有较大的黏度，不容易处理，本章试验选择[C_6MIM][BF_4]。

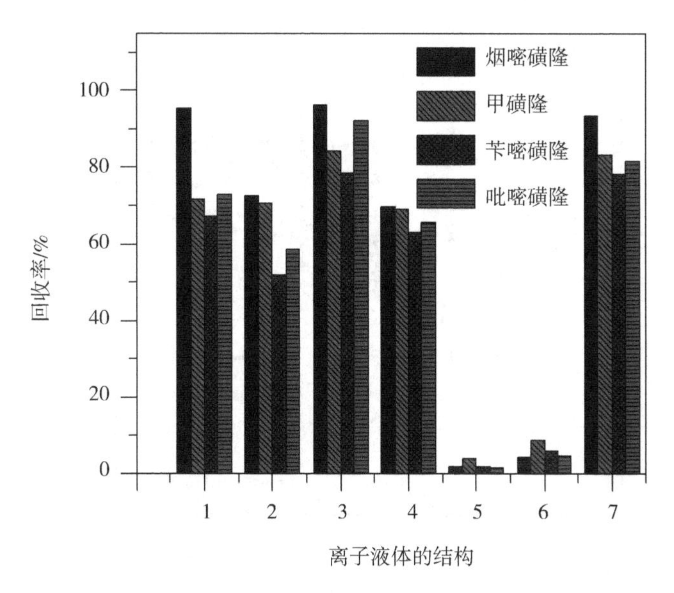

图 3-2　离子液体的结构的影响

1—[C_2MIM][BF_4];2—[C_4MIM][BF_4];3—[C_6MIM][BF_4];4—[C_8MIM][BF_4];
5—[C_4MIM][PF_6];6—[C_6MIM][PF_6];7—[C_8MIM][PF_6]。

3.2.1.2　超声功率

试验考察了超声功率对萃取效果的影响,超声功率为 160 W、240 W、280 W、320 W、360 W、400 W。试验结果如图 3-3 所示。随着超声功率由 160 W 增加到 280 W,回收率明显增加;当超声功率由 280 W 增加到 400 W 时,待测物的回收率呈缓慢增加的趋势或有所波动。为了提高萃取率,本章试验选择超声功率为 400 W。

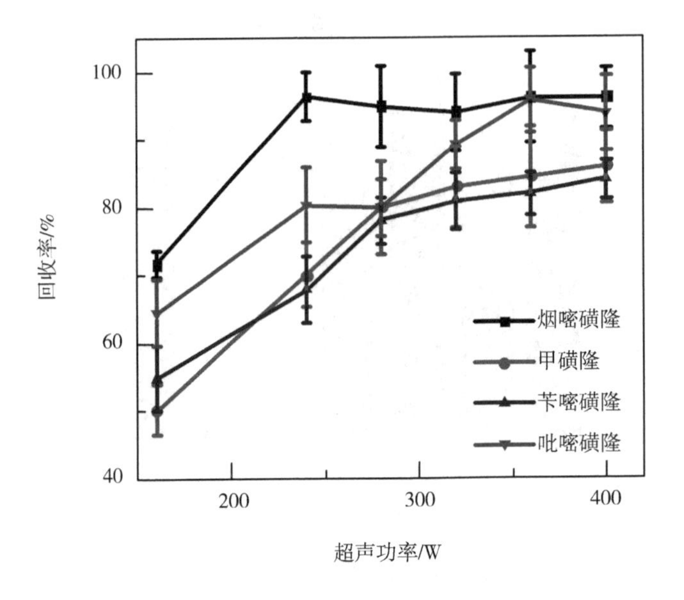

图 3-3 超声功率的影响

3.2.1.3 萃取时间

采用超声功率 400 W 萃取时,考察了萃取时间对萃取效果的影响,萃取时间为 2 min、5 min、10 min、15 min、20 min。试验结果如图 3-4 所示。萃取时间在 5 min 之前,回收率有明显增加;萃取时间在 5 min 后,待测物的回收率缓慢增加甚至减小。为了增加萃取率,本章试验选择萃取时间为 5 min。

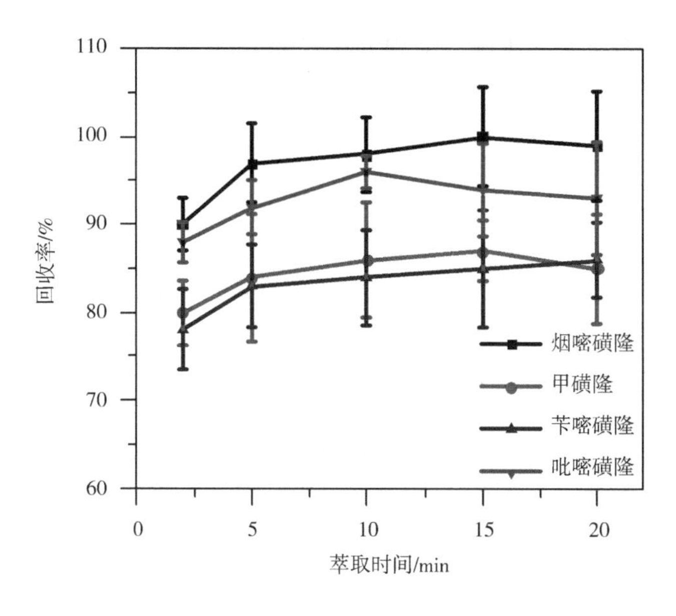

图 3-4　萃取时间的影响

3.2.1.4　样品量

试验考察了样品量对待测物萃取效果的影响。试验结果表明,当样品量为 100 mg 时,待测物的回收率最高。所以,本章试验选择样品量为 100 mg。

3.2.1.5　萃取溶剂[C_6MIM][BF_4]的体积

试验考察了不同体积萃取溶剂对待测物萃取效果的影响。萃取溶剂的体积分别为 150 μL、200 μL、300 μL、400 μL、500 μL。试验结果表明,萃取溶剂[C_4MIM][BF_4]的体积增加对待测物回收率影响不明显,当加入体积小于 150 μL 时,不利于样品的吸取、过滤及进入高效液相色谱仪分析。所以本章试验选择萃取溶剂的体积为 150 μL。

3.2.2　方法评价

通过与标准物质的保留时间比较,对待测物进行定性分析。空白样品、标准溶液及加标样品的色谱图如图 3-5 所示。从图中可以看出,保留时间为

14.48 min 的色谱峰为烟嘧磺隆,16.59 min 为甲磺隆,22.79 min 为苄嘧磺隆,26.45 min 为吡嘧磺隆。

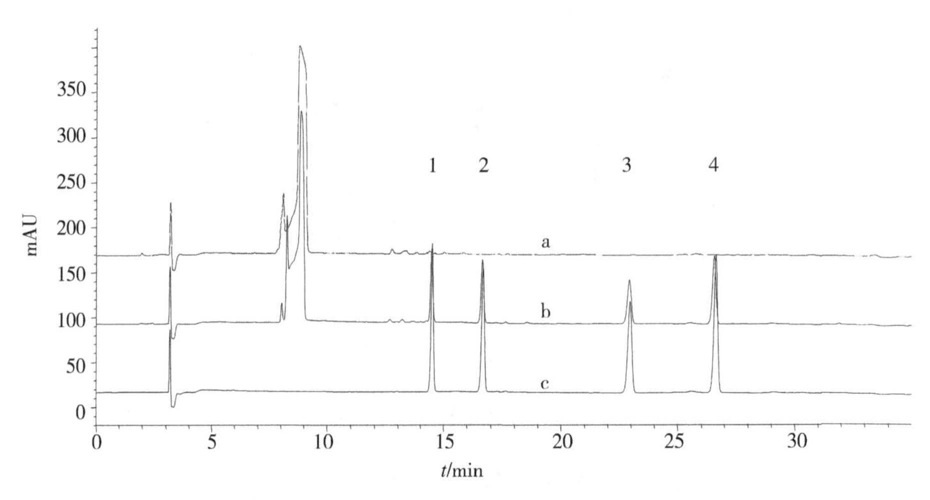

图 3-5 空白样品(a)、加标样品(b)、标准溶液(c)的色谱图

1—烟嘧磺隆;2—甲磺隆;3—苄嘧磺隆;4—吡嘧磺隆

3.2.2.1 工作曲线

将烟嘧磺隆、甲磺隆、苄嘧磺隆、吡嘧磺隆标准储备液混合并逐级稀释到适当浓度,配制成标准溶液系列。将一系列浓度的标准物质加到空白样品中,制成加标样品。按照 3.1.4 试验过程进行萃取后,引入高效液相色谱仪进行测定,在所给的色谱条件下测得峰面积值,以待测物浓度对峰面积绘制标准曲线。工作曲线线性回归方程、线性范围、相关系数、检出限和定量限如表 3-1 所示。

表 3-1 目标物的工作曲线线性回归方程、线性范围、相关系数、检出限和定量限

分析物	线性回归方程	线性范围/($ng \cdot g^{-1}$)	相关系数	检出限/($ng \cdot g^{-1}$)	定量限/($ng \cdot g^{-1}$)
烟嘧磺隆	$A=0.0115C+5.9144$	50.0~25 000.0	0.999 3	10.2	34.0
甲磺隆	$A=0.0120C-0.1496$	50.0~5 000.0	0.999 0	11.3	37.7
苄嘧磺隆	$A=0.0102C+5.8300$	50.0~5 000.0	0.999 6	8.5	28.3
吡嘧磺隆	$A=0.0192C+8.1213$	50.0~5 000.0	0.999 3	7.7	25.6

3.2.2.2　检出限和定量限

检出限和定量限是通过对平行处理的 12 个空白样品信号噪声的标准偏差计算得出的。烟嘧磺隆、甲磺隆、苄嘧磺隆和吡嘧磺隆的检出限分别为 10.2 ng·g^{-1}、11.3 ng·g^{-1}、8.5 ng·g^{-1}、7.7 ng·g^{-1}；定量限分别为 34.0 ng·g^{-1}、37.7 ng·g^{-1}、28.3 ng·g^{-1}、25.6 ng·g^{-1}。

3.2.2.3　适用性及精密度

选取不同区域的 3 种土壤样品，按照 3.1.4 的试验方法进行萃取分析，分析结果可以用于评价超声辅助离子液体微萃取法的适用性。试验结果表明，3 种土壤样品均未检出烟嘧磺隆、甲磺隆、苄嘧磺隆和吡嘧磺隆。

对 3 种土壤样品添加一定浓度的标准溶液，按照 3.1.4 的试验方法进行萃取分析，分析结果的相对标准偏差可以用于评价超声辅助离子液体微萃取法的精密度。数据分析结果见表 3-2。精密度主要体现为日内精密度和日间精密度。日内精密度小于等于 7.56%，日间精密度小于等于 7.93%。试验结果表明，该方法的重现性较好，适合土壤中农药残留的分析。

表 3-2　精密度

分析物	标高/(ng·g^{-1})	日内精密度/% (n=5)	日间精密度/% (n=5)
烟嘧磺隆	125	5.97	7.29
	2 500	3.00	5.94
甲磺隆	125	6.55	6.63
	2 500	5.92	7.93
苄嘧磺隆	125	6.40	5.20
	2 500	4.17	5.32
吡嘧磺隆	125	7.28	7.15
	2 500	7.56	3.00

3.2.2.4 回收率

在3份空白土壤样品中分别加入不同浓度的标准溶液,得到2个浓度水平的加标样品,每个浓度水平样品平行取3份,按照3.1.4的试验方法进行萃取分析,结果见表3-3。结果表明,4种除草剂烟嘧磺隆、甲磺隆、苄嘧磺隆、吡嘧磺隆的回收率分别为94.1%~99.4%(相对标准偏差≤6.31),81.1%~92.2%(相对标准偏差≤5.41),81.3%~90.6%(相对标准偏差≤5.20),93.6%~100.1%(相对标准偏差≤7.44)。以上表明该方法的回收率良好,测定结果准确。

表3-3 回收率

样品	分析物	标高/($ng \cdot g^{-1}$)	回收率/%	相对标准偏差/% (n=3)
1	烟嘧磺隆	125	96.4	4.94
		2 500	98.3	4.70
	甲磺隆	125	87.8	4.95
		2 500	90.5	3.70
	苄嘧磺隆	125	81.3	2.22
		2 500	89.8	2.24
	吡嘧磺隆	125	99.1	7.44
		2 500	100.1	2.33
2	烟嘧磺隆	125	94.1	4.20
		2 500	99.4	6.31
	甲磺隆	125	81.1	5.41
		2 500	92.1	1.30
	苄嘧磺隆	125	83.9	2.51
		2 500	88.4	1.67
	吡嘧磺隆	125	93.6	3.90
		2 500	99.5	3.22

续表

样品	分析物	标高/(ng · g^{-1})	回收率/%	相对标准偏差/% (n=3)
3	烟嘧磺隆	125	96.4	2.37
		2 500	98.5	3.15
	甲磺隆	125	92.2	4.68
		2 500	90.3	3.35
	苄嘧磺隆	125	89.2	3.61
		2 500	90.6	5.20
	吡嘧磺隆	125	94.9	5.09
		2 500	100.0	1.35

3.2.2.5　与其他萃取方法的比较

本章以空白土壤样品1为基质,将超声辅助离子液体微萃取法与超声萃取法和索氏萃取法进行了比较,比较结果如表3-4所示。试验结果表明,在回收率方面3种萃取方法没有明显差异,与超声萃取法和索氏萃取法相比,超声辅助离子液体微萃取法具有萃取溶剂少(0.15 mL)、萃取时间短(5 min)、样品用量小(100 mg)、萃取溶剂无毒等优点,能够满足土壤样品中农药残留的分析要求。

表3-4　萃取方法的比较

	超声辅助离子液体微萃取法	超声萃取法	索氏萃取法
样品量/mg	100	1 000	1 000
溶剂	离子液体	乙腈	乙腈
萃取溶剂体积/mL	0.15	50.0	150.0
萃取时间/min	5	40	240
回收率/%	81.1~100.1	76.4~104.1	76.8~102.3

3.3 小结

本章建立了一种绿色高效的超声辅助离子液体微萃取法,并结合高效液相色谱法对土壤样品中的4种磺酰脲类除草剂进行萃取,优化了影响萃取效果的各种因素,如离子液体的结构、超声功率、萃取时间、样品量、萃取溶剂[C_6MIM][BF_4]的体积。在最佳的试验条件下,回收率为81.1%~100.1%,相对标准偏差小于等于7.44%,该方法能够满足土壤样品中农药残留的分析要求。

参考文献

[1]BOSSI R, K VEJRUP, JACOBSEN C S. Determination of sulfonylurea degradation products in soil by liquid chromatography-ultraviolet detection followed by confirmatory liquid chromatography-tandem mass spectrometry[J]. Journal of Chromatography A, 1999, 855(2): 575-582.

[2]YAN C M, ZHANG B B, LIU W Y. Rapid determination of sixteen sulfonylurea herbicides in surface water by solid phase extraction cleanup and ultra-high-pressure liquid chromatography coupled with tandem mass spectrometry[J]. Journal of Chromatography B, 2011, 879(30): 3484-3489.

[3]FENOLL J, HELLÍN P, SABATER P, et al. Trace analysis of sulfonylurea herbicides in water samples by solid-phase extraction and liquid chromatography-tandem mass spectrometry[J]. Talanta, 2012, 101(15): 273-282.

[4]SERENELLA S, ALBRIZIOA S. Development and validation of a solid-phase extraction method coupled to high-performance liquid chromatography with ultraviolet-diode array detection for the determination of sulfonylurea herbicide residues in bovine milk samples[J]. Journal of Chromatography A, 2011, 1218(9): 1253-1259.

第4章　加速溶剂萃取–高效液相色谱串联质谱法测定土壤中残留农药

在农药的萃取研究中，文献报道的加速溶剂萃取法多与气相色谱串联质谱联用，同时使用固相萃取等方式对萃取样品进行净化。Silvia 等采用加速溶剂萃取法对污泥和施肥污泥样品中的有机磷农药及其代谢物进行萃取，选用弗罗里硅藻土小柱进行净化，最后经过衍生化进气相色谱串联质谱测定，得到很好的检出限。Frenich 等采用索氏萃取法和加速溶剂萃取法对鸡肉、猪肉和羊肉样品中的有机磷和有机氯农药进行萃取，同时通过凝胶渗透色谱对萃取液进行净化，再通过气相色谱–三重四级杆串联质谱测定，回收率为 70.0%~90.0%，检出限小于 2.0 $\mu g \cdot kg^{-1}$。

多数有关加速溶剂萃取法的文献中，研究人员会选择较大的样品量，同时选用较大的样品萃取池，以便得到更低的检出限。Blasco 等采用加速溶剂萃取法对水果中痕量的残留农药进行萃取，通过液相色谱–离子阱质谱测定，检出限为 0.025~0.25 $mg \cdot kg^{-1}$，远远低于欧盟法规规定的最大允许残留量，该方法中样品的称样量为 2.5 g。申中兰等采用加速溶剂萃取–气相色谱法对土壤中的 16 种有机氯农药进行萃取测定，该方法检出限为 0.01~0.04 $ng \cdot g^{-1}$，其中土壤样品的称样量为 10 g。Zhuang 等选用两种方法对鱼肉中的有机氯农药进行萃取，其中使用加速溶剂萃取法时鱼肉样品的称样量为 5~15 g。在加速溶剂萃取过程中，由于样品需要干燥以达到好的萃取效果，在处理样品时需要用到分散剂。相关文献中，研究者多数选择相对便宜的无水硫酸钠作为分散剂。Suchan 等采用加速溶剂萃取法对鱼肉样品中的多氯联苯和有机氯农药进行萃取，称取 10 g 鱼肉样品和 70 g 无水硫酸钠混合均匀，于萃取池中进行萃取。

本章采用加速溶剂萃取-高效液相色谱串联质谱法同时测定克百威、烯酰吗啉、苯噻酰草胺、稻瘟灵、乙草胺、丙草胺、喹禾灵、噁草酮和甲氰菊酯多类型农药残留。目前还未见用同一方法同时测定这 9 种农药的相关报道。试验对加速溶剂萃取条件包括萃取溶剂、萃取温度、萃取次数、静态萃取时间、冲洗体积和吹扫时间进行了优化,同时对液相色谱串联质谱条件进行了优化,选择最佳质谱碎片进行分析。与其他文献报道的加速溶剂萃取法相比较,本章试验中采用相对较小的萃取池,样品的称取量小,以达到减少基质干扰和节省溶剂的目的。前人文献报道中萃取池多用 34 mL 和 66 mL,样品称取量多为 10 g。在分散剂使用方面,前人文献报道中多用价格便宜的无水硫酸钠作为分散剂,经试验验证,无水硫酸钠吸水性、分散性能较弗罗里硅藻土差,用量较多,吸水速度较慢,本章试验选择弗罗里硅藻土作为分散剂,以达到对土壤样品更好的分散效果。采用加速溶剂萃取法时,样品经萃取后无须固相萃取等净化过程,减少了有机溶剂及试验耗材的消耗,并且通过质谱基质效应分析,确认在无净化过程条件下,基质干扰也较小。在优化的条件下,本章试验的前处理更简便,有机溶剂用量更少,周期更短。

4.1 试验部分

4.1.1 仪器设备与材料

仪器设备:高效液相色谱仪配二极管阵列检测器(DAD);Zorbax Eclipse XDB-C_{18} 色谱柱(250 mm × 4.6 mm,5 μm);6410A 型串联四极杆质谱仪,配电喷雾离子源和 Mass Hunter 工作站;ASE-350 型加速溶剂萃取仪,配 10 mL 萃取池;N-1000 型旋转蒸发仪;超纯水机。

材料:甲醇、乙腈、丙酮、三氯甲烷及乙酸乙酯;弗罗里硅藻土(0.180 ~ 0.154 mm 粒径,农残级);0.22 μm 滤膜;克百威、烯酰吗啉、苯噻酰草胺、稻瘟灵、乙草胺、丙草胺、喹禾灵、噁草酮、甲氰菊酯(纯度大于 95.1%),这些农药的结构见图 4-1。

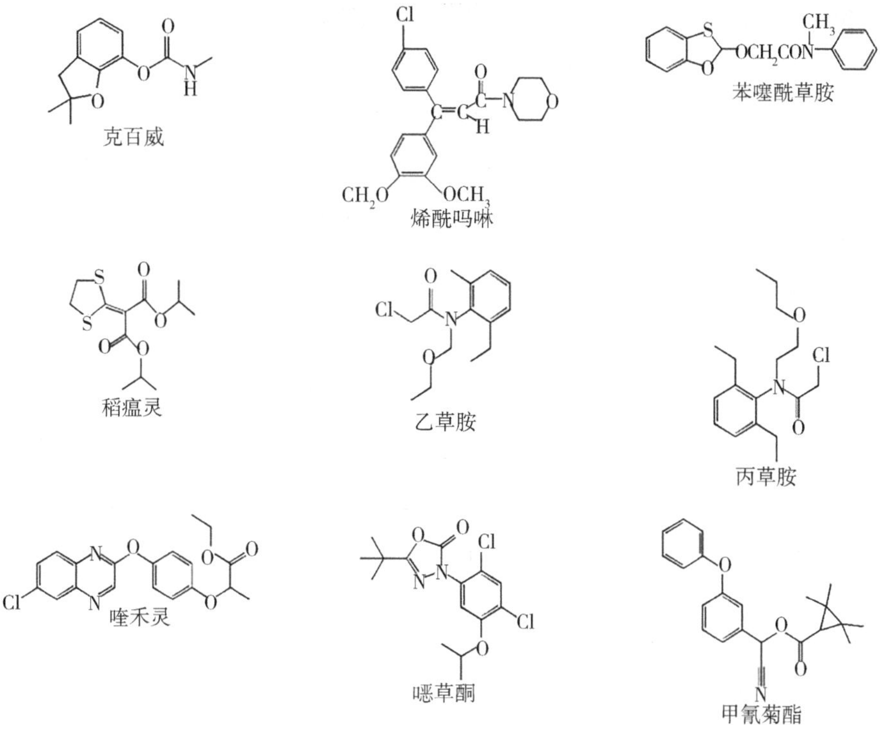

克百威 烯酰吗啉 苯噻酰草胺

稻瘟灵 乙草胺 丙草胺

喹禾灵 噁草酮 甲氰菊酯

图 4–1 农药的结构

4.1.2 试验条件

流动相:10 mmol · L^{-1} 乙酸铵(A)和乙腈(B)。梯度洗脱程序:0~17 min,5%~45% B;17~20 min,45%~48% B;20~23 min,48%~50% B;23~26 min,50%~60%B;26~33 min,60% B;33~38 min,60%~65% B;38~60 min,65%~75%B;60~65 min,75%~5%B。流速:0.6 mL · min^{-1}。柱温:30 ℃。进样量:20 μL。后运行时间:10 min。电喷雾离子源,正离子模式。干燥气(氮气)流速:12 L · min^{-1}。离子源温度:350 ℃。雾化器(氮气)压力:45 psi①。毛细管电压:4 kV。数据采集方式为多反应监测模式。

① 1 psi=6 894.757 Pa。

组分保留时间、离子 m/z、碎片化电压、碰撞能量见表 4-1。

表 4-1 农药的质谱参数

序号	农药	保留时间/min	母离子 m/z	子离子 m/z	碎片化电压/V	碰撞能量/V
1	克百威	18.8	222.1	164.9	110	15
				122.9*		5
2	烯酰吗啉	22.9/23.8	388.1	164.9	100	32
				300.9*		17
3	苯噻酰草胺	27.0	299.0	120.0	120	23
				148.0*		8
4	稻瘟灵	28.8	291.0	230.8	100	4
				189.0*		18
5	乙草胺	29.4	270.1	224.0*	100	4
				147.9		15
6	丙草胺	37.5	312.2	251.9*	120	12
				176.0		26
7	喹禾灵	38.7	373.1	298.9*	140	15
				271.0		20
8	噁草酮	43.9	345.1	302.8	160	7
				219.9*		15
9	甲氰菊酯	52.4	350.2	124.9*	110	10
				97.0		29

注：* 为定量子离子。

4.1.3 标准储备液与标准溶液的配制

准确量取 0.100 g 的克百威、烯酰吗啉、苯噻酰草胺、稻瘟灵、乙草胺、丙草胺、喹禾灵、噁草酮、甲氰菊酯标准物质于 100 mL 容量瓶中，用乙腈定容至刻度，配制成克百威、烯酰吗啉、苯噻酰草胺、稻瘟灵、乙草胺、丙草胺、喹禾灵、噁草酮、甲氰菊酯的标准储备液各 1 000 μg · mL^{-1}，于 4 ℃下保存。使用时，用乙腈逐级稀释储备液，得到浓度分别为 0.5 ng · mL^{-1}、1 ng · mL^{-1}、5 ng · mL^{-1}、10 ng · mL^{-1}、20 ng · mL^{-1}、50 ng · mL^{-1}、100 ng · mL^{-1}、200 ng · mL^{-1} 及 500 ng · mL^{-1} 的混合标准溶液，现用现配。

4.1.4　样品制备

表层深度 20 cm 的 5 种土壤样品（1~5）取自黑龙江省哈尔滨市。土壤样品首先在常压下干燥，过 60 目筛以去除石块、植物根茎和其他较大颗粒。然后经粉碎机研磨，过 120 目筛，保存于干燥器中。

加标回收样品的制备：在处理好的土壤样品中添加一定量的农药标准溶液，用研钵缓慢研磨使之混合均匀，之后将加标样品置于室温下 6 h，以确保溶剂完全挥发。

4.1.5　试验方法

称取 1.000 g 粉碎均匀的土壤样品，加入 1.50 g 硅藻土研磨拌匀，装入 10 mL 的萃取池中进行萃取。以乙腈为萃取溶剂，在 10.3 MPa 和 80 ℃条件下静态循环萃取 3 次，每次 10 min，冲洗体积为 80%，氮气吹扫时间为 90 s，收集全部萃取液于收集瓶中。将萃取液转入旋转蒸发仪中，于 45 ℃水浴中减压浓缩至近干，用 1.0 mL 乙腈定容，过 0.22 μm 滤膜后，进行分析。

4.2　结果与讨论

4.2.1　色谱条件

试验考察了流动相的影响。结果表明，当流动相为乙腈-水体系时，仪器响应值和色谱分离选择性优于甲醇-水流动相。进一步比较研究了在乙腈-水流动相中分别添加 10 mmol · L^{-1} 甲酸铵、10 mmol · L^{-1} 乙酸铵及 0.1%甲酸对测定的影响。结果表明,乙腈-10 mmol · L^{-1} 乙酸铵为流动相时,质谱信号较强。对流速和柱温的考察结果表明,在 0.6 mL · min^{-1} 流速和 30 ℃柱温条件下,待测物的分离效果、分析时间、响应值及色谱柱的柱压都比较理想。图 4-2 为优化试验条件下标准溶液、加标样品和空白样品的色谱图。除烯酰吗啉同分异构体出现两个色谱峰外,其他组分均为单一色谱峰。

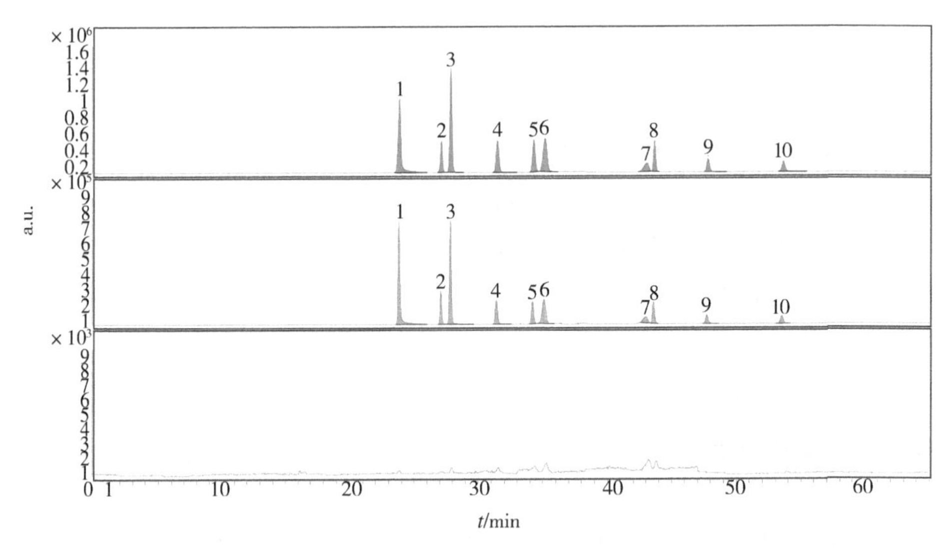

图 4-2　标准溶液(a)、加标样品(b)和空白样品(c)的色谱图

1—克百威;2、3—烯酰吗啉;4—苯噻酰草胺;5—稻瘟灵;6—乙草胺;

7—丙草胺;8—喹禾灵;9—噁草酮;10—甲氰菊酯。

4.2.2　质谱条件

在电喷雾电离源正离子模式下,所有组分均有很强的响应,而在负离子模式下,所有组分均无明显响应,因此选用正离子模式。流动相的组成对待测农药离子化效率影响显著。以乙腈-水为流动相时,待测组分的准分子离子峰主要为$[M+H]^+$,且 9 种农药都有较很好的响应,但是在形成$[M+H]^+$的同时,还形成了$[M+Na]^+$准分子离子峰,而且以$[M+Na]^+$为母离子进行碰撞诱导解离时,大多数组分都无法得到稳定且丰度较高的子离子,所以不能以$[M+Na]^+$为母离子做二级质谱。选用乙腈-10 mmol · L^{-1} 乙酸铵作为流动相,减少了$[M+Na]^+$准分子离子峰的形成。设定不同组分测定的时间段,选用母离子扫描方式,优化了碎裂电压;再选用子离子扫描方式,对碰撞能量进行了优化。

4.2.3　萃取条件

4.2.3.1　萃取溶剂

土壤中农药的萃取可以选用丙酮、甲醇、乙酸乙酯、三氯甲烷、乙腈等溶剂。三氯甲烷毒性较大,而且三氯甲烷的腐蚀性比较强。丙酮极性较强,能溶解大多数农药,但是丙酮在萃取农药时会大量萃取植物组织中的油脂和色素,使净化过程变得复杂。乙酸乙酯极性较弱,对于含糖量高的样品较为适合,但用高效液相色谱串联质谱法分析前需转换溶剂,不但过程烦琐,而且会造成大量的农药损失。乙腈的选择性则较好,它可以显著降低对非极性脂肪、蛋白质、盐、糖等杂质的溶解度,此外它与高效液相色谱串联质谱法具有很好的兼容性,特别适合复杂基质中多种农药的萃取,目前已被多个国家的农残检测标准所采用。本章比较了甲醇和乙腈萃取农药的回收率,发现乙腈萃取的回收率较高,稳定性好,因此本章试验选用乙腈作为萃取溶剂。

4.2.3.2　萃取温度

萃取时升高温度有助于增强溶剂对样品的渗透力,降低溶剂的黏度,减小溶剂与样品基质之间的表面张力,从而提高待测物的溶解度。本章考察了萃取温度对萃取效果的影响,结果如图4-3所示。结果表明,升高萃取温度,回收率有增加的趋势,当温度高至80 ℃时,在DAD检测器下待测物烯酰吗啉前开始出现一个小杂质峰,随着萃取温度的继续增加,该杂质峰面积成倍增加,与待测物的分离度比较小,对待测物干扰较大,而且萃取温度升高导致萃取溶剂中其他杂质也增加,当温度达到160 ℃时,噁草酮、甲氰菊酯的色谱峰变宽,回收率降低,说明在高温状态下,待测物发生分解。因此萃取温度选择80 ℃。

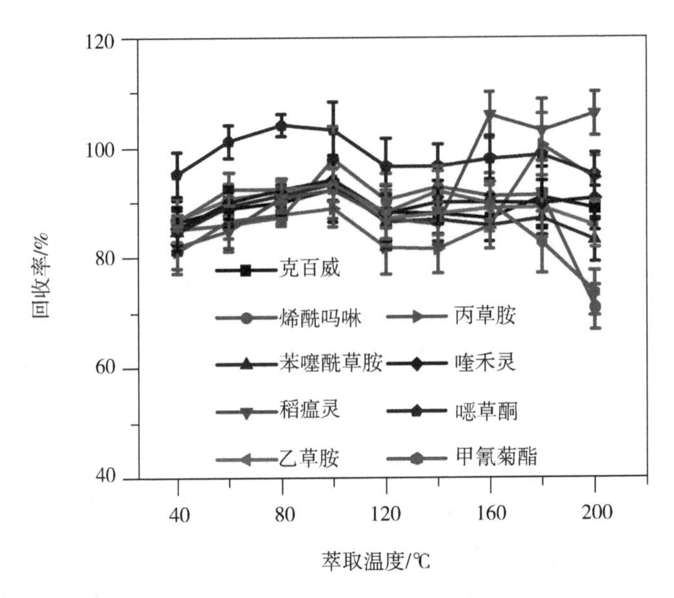

图 4-3 萃取温度的影响

4.2.3.3 萃取次数

用乙腈作为萃取溶剂,选择萃取温度为 80 ℃,对加标土壤样品分别进行多次萃取。试验结果如图 4-4 所示。结果表明,随着萃取次数的增加,待测物的回收率增加,当萃取次数为 3 次时,待测物的回收率几乎达到最高,再增加萃取次数会增加萃取时间,浪费溶剂,因此萃取次数选择 3 次。

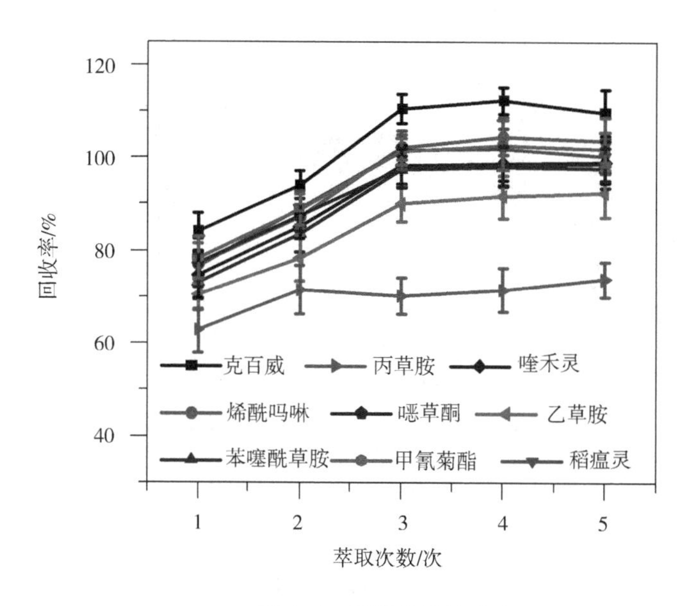

图 4-4　萃取次数的影响

4.2.3.4　静态萃取时间

用乙腈作为萃取溶剂,选择萃取温度为 80 ℃,萃取次数为 3 次,考察了静态萃取时间对萃取效果的影响。萃取结果如图 4-5 所示。结果表明,随着静态萃取时间的增加,扩散的时间增加,待测物的回收率增加,当静态萃取时间由 3 min 增加到 10 min 时,回收率有明显增加的趋势,但是当静态萃取时间由 10 min 增加到 15 min 时,回收率不再增加,反而有下降的趋势,因此选择静态萃取时间为 10 min。

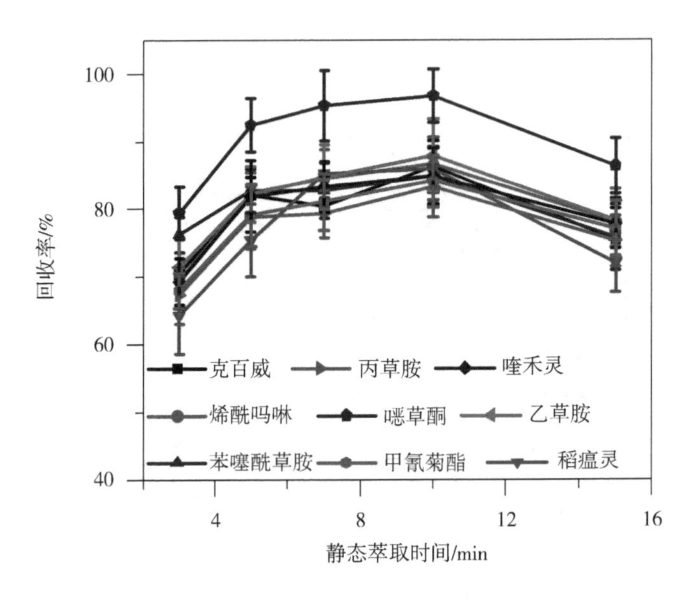

图 4-5　静态萃取时间的影响

4.2.3.5　冲洗体积

用乙腈作为萃取溶剂,萃取温度为 80 ℃,萃取次数为 3 次,静态萃取时间为 10 min,考察冲洗体积对萃取效果的影响,萃取结果如图 4-6 所示。结果表明,随着冲洗体积的增加,待测物的回收率变化不明显。冲洗体积越大,浪费的溶剂越多,所以考虑到溶剂使用量的因素,选择冲洗体积为 80%。

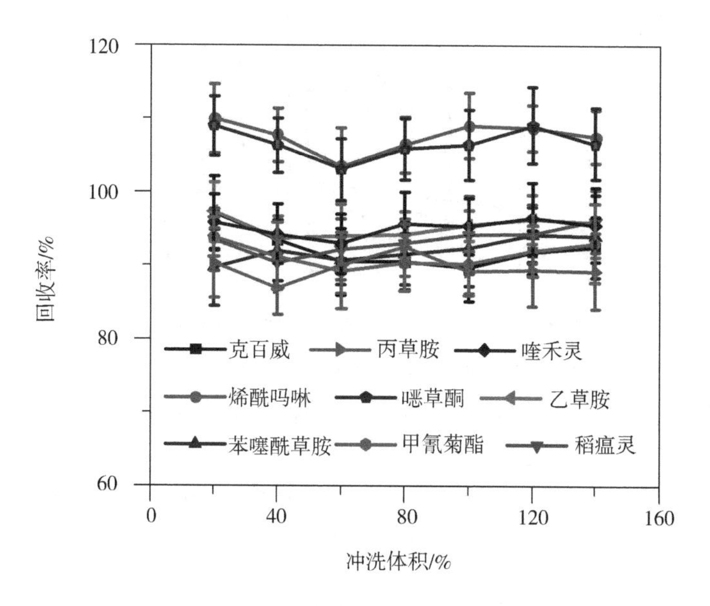

图 4-6　冲洗体积的影响

4.2.3.6　吹扫时间

用乙腈作为萃取溶剂,萃取温度为 80 ℃,萃取次数为 3 次,静态萃取时间为 10 min,冲洗体积为 80%,考察了吹扫时间对萃取效果的影响,萃取结果如图 4-7 所示。结果表明,吹扫时间对待测物的回收率影响不大,主要是因为吹扫的目的是将所有溶剂排出萃取池,不会明显影响回收率,考虑到分析样品周期的因素,选择吹扫时间为 90 s。

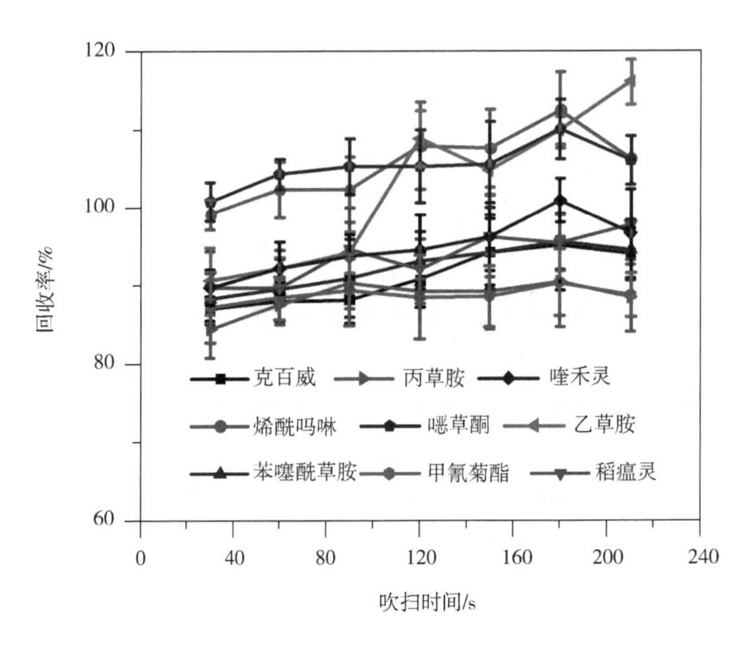

图 4-7 吹扫时间的影响

4.2.4 方法评价

4.2.4.1 线性、检出限及相对标准偏差

取土壤样品 1,添加一定浓度的混合标准溶液于每份样品中,在低温阴凉处挥干后进行分析。试验结果如表 4-2 所示。从表中可以看出,9 种农药残留在较大的范围内具有良好的线性关系,检出限为 0.2~2.0 ng · g^{-1},相对标准偏差为 1.0%~5.9%。

表 4-2 农药的线性回归方程、线性范围、相关系数、检出限和相对标准偏差

农药	保留时间/min	线性回归方程	线性范围/(ng · g^{-1})	相关系数	检出限/(ng · g^{-1})	相对标准偏差/%
克百威	23.9	$A=5\ 710.9C-3\ 008.8$	0.9~230.0	0.999 9	0.3	4.1
烯酰吗啉	26.8/27.8	$A=7\ 237C-5\ 853.1$	1.0~200.0	0.999 7	0.3	2.9
苯噻酰草胺	31.5	$A=13\ 431C-3\ 967.0$	0.5~100.0	0.999 7	0.2	5.2

续表

农药	保留时间/min	线性回归方程	线性范围/(ng·g^{-1})	相关系数	检出限/(ng·g^{-1})	相对标准偏差/%
稻瘟灵	34.94	$A=8\ 984.1C-2\ 804.0$	0.5~150.0	0.999 5	0.2	3.0
乙草胺	35.1	$A=585.4C+2\ 177.4$	5.0~300.0	0.999 8	2.0	4.3
丙草胺	37.5	$A=13\ 055C+3\ 204.9$	0.5~200.0	0.998 5	0.2	1.0
喹禾灵	43.6	$A=2\ 730.8C-493.87$	1.0~300.0	0.998 6	0.3	3.4
噁草酮	47.8	$A=453.01C-813.23$	5.0~500.0	0.999 4	2.0	5.0
甲氰菊酯	53.6	$A=749.21C-1\ 862.7$	5.0~500.0	0.999 6	2.0	5.9

4.2.4.2 与其他萃取方法的比较

以加标土壤作为样品,将加速溶剂萃取法与索氏萃取法和振荡萃取法进行比较,如表 4-3 所示。结果表明,对于 9 种农药,加速溶剂萃取法的回收率最稳定。索氏萃取法处理的样品颜色比较重,色谱峰干扰比较大,杂质峰非常多,说明索氏萃取法更容易把土壤样品中的色素等其他杂质一同萃取出来;而加速溶剂萃取法色谱峰比较干净,干扰小,且节省溶剂,也省时。

表 4-3 不同萃取方法的比较

	加速溶剂萃取法	索氏萃取法	振荡萃取法
回收率/%	90.0~105.0	74.1~119.0	79.1~97.3
相对标准偏差/%	1.0~5.9	0.3~12.6	0.3~9.7
样品量/g	1.00	1.00	1.00
溶剂	乙腈	乙腈	乙腈
萃取溶剂体积/mL	12~15	100	150
萃取时间/min	18~30	300	240

4.2.4.3 实际样品分析

对 5 种土壤样品进行了分析,在这些土壤样品中,均未检出 9 种农药残留。对 5 种空白土壤进行加标试验,试验结果如表 4-4 所示。从表中可以看出,样品的加标平均回收率为 90.0%~105.0%,相对标准偏差为 1.0%~5.9%。说明该方法稳定,回收率高,具有实际应用的价值。

表 4-4 加标土壤样品的回收率和相对标准偏差

样品	标高/(ng·g^{-1})	克百威		烯酰吗啉		苯噻酰草胺		稻瘟灵		乙草胺		丙草胺		喹禾灵		噁草酮		甲氰菊酯	
		回收率/%	相对标准偏差/%	回收率/%	相对标准偏差/%	回收率/%	相对标准偏差/%	回收率/%	相对标准偏差/%	回收率/%	相对标准偏差/%	回收率/%	相对标准偏差/%	回收率/%	相对标准偏差/%	回收率/%	相对标准偏差/%	回收率/%	相对标准偏差/%
1	10	98.3	1.7	102.4	1.0	90.9	1.1	94.7	5.5	94.3	4.9	90.3	5.8	93.7	2.2	104.9	2.6	90.5	3.2
	100	93.0	3.6	102.4	1.1	90.6	4.5	91.6	2.1	92.3	5.7	91.2	5.1	92.3	1.8	104.3	2.4	91.5	2.3
2	10	90.3	4.6	104.7	2.5	91.5	1.9	92.9	4.9	94.2	1.1	92.5	2.5	95.7	1.7	105.0	2.0	90.3	5.7
	100	92.5	2.5	104.9	1.2	94.0	5.2	96.0	2.1	95.8	3.2	91.5	4.2	95.6	3.5	104.6	5.0	93.1	3.5
3	10	92.4	3.2	97.9	5.2	93.3	4.9	92.1	1.6	93.9	3.8	90.8	5.0	94.1	5.0	103.2	5.3	93.3	2.9
	100	90.2	2.6	90.4	4.9	90.5	5.2	91.5	1.5	90.8	4.5	91.9	3.2	98.1	5.1	96.6	5.1	92.8	3.1
4	10	97.1	5.3	105.0	3.6	90.9	4.8	93.5	3.8	97.2	5.8	90.3	3.2	95.1	2.5	104.9	5.6	93.8	5.8
	100	90.4	5.0	103.5	5.8	90.7	5.2	92.2	3.8	93.9	2.0	90.0	3.2	92.9	5.5	103.1	2.8	91.8	4.8
5	10	90.8	2.5	104.8	1.0	93.5	1.2	92.1	2.5	105.0	5.9	93.5	4.3	94.5	1.8	105.0	1.4	98.5	1.2
	100	95.2	1.9	103.8	2.3	94.6	1.5	97.9	1.2	103.6	5.0	95.6	1.5	96.8	1.1	104.7	1.2	95.6	1.5

4.3　小结

本章采用加速溶剂萃取法结合高效液相色谱串联质谱法对土壤样品中 9 种农药残留进行了萃取分析,对萃取条件进行优化,优化后的结果为:以乙腈为萃取剂,在 10.3 MPa、80 ℃条件下静态萃取 3 次,每次 10 min;采用 80%的冲洗体积,氮气吹扫时间为 90 s。分析了实际样品,回收率为 90.0%~105.0%,相对标准偏差为 1.0%~5.9%,说明该方法简单,萃取速度快,溶剂用量较少,萃取效率高,操作安全可靠,能够满足农药残留检测的需要。

参考文献

[1]陈丽娜, 宋凤瑞, 刘志强. 液相色谱-质谱联用技术在中药农药残留分析中的应用进展[J]. 质谱学报, 2010, 31(6): 342-353.

[2]杨琳, 温裕云, 弓振斌. 加速溶剂萃取-液相色谱-串级质谱法测定近岸及河口沉积物中的拟除虫菊酯农药[J]. 分析化学, 2010, 38(7): 968-972.

[3]ROUVIÈRE F, BULETÉ A, CREN-OLIVÉ C, et al. Multiresidue analysis of aromatic organochlorines in soil by gas chromatography-mass spectrometry and QuEChERS extraction based on water/dichloromethane partitioning. Comparison with accelerated solvent extraction[J]. Talanta, 2012, 93: 336-344.

[4]FERNANDEZ-ALVAREZ M, LLOMPART M, PABLO L J, et al. Simultaneous determination of traces of pyrethroids, organochlorines and other main plant protection agents in agricultural soils by headspace solid-phase microextraction-gas chromatography[J]. Journal of Chromatography A, 2008, 1188(2): 154-163.

[5]NAEENI M H, YAMINI Y, REZAEE M. Combination of supercritical fluid extraction with dispersive liquid-liquid microextraction for extraction of organophosphorus pesticides from soil and marine sediment samples[J]. The Journal of Supercritical Fluids, 2011, 57(3): 219-226.

[6]SALEMI A, RASOOLZADEH R, NEJAD M M, et al. Ultrasonic assisted headspace single drop micro-extraction and gas chromatography with nitrogen-phos-

phorus detector for determination of organophosphorus pesticides in soil[J]. Analytica Chimica Acta, 2013, 769: 121-126.

[7]ENE A, BOGDEVICH O, SION A, et al. Determination of polycyclic aromatic hydrocarbons by gas chromatography-mass spectrometry in soils from Southeastern Romania[J]. Microchemical Journal, 2012, 100: 36-41.

[8]AMEZCUA-ALLIERI M A, ÁVILA-CHÁVEZ M A, TREJO A, et al. Removal of polycyclic aromatic hydrocarbons from soil: A comparison between bioremoval and supercritical fluids extraction[J]. Chemosphere, 2012, 86(10): 985-993.

[9]WANG H, LI G J, ZHANG Y Q, et al. Determination of triazine herbicides in cereals using dynamic microwave-assisted extraction with solidification of floating organic drop followed by high-performance liquid chromatography[J]. Journal of Chromatography A, 2012, 1233(13): 36-43.

[10]WANG P, ZHANG Q H, WANG Y W, et al. Evaluation of Soxhlet extraction, accelerated solvent extraction and microwave-assisted extraction for the determination of polychlorinated biphenyls and polybrominated diphenyl ethers in soil and fish samples[J]. Analytica Chimica Acta, 2010, 663(2): 43-48.

第5章 加速溶剂萃取-高效液相色谱串联质谱法测定土壤中邻苯二甲酸酯

邻苯二甲酸酯的测定多采用高效液相色谱法、气相色谱法、气相色谱-质谱联用法和液相色谱串联质谱联用法。以上方法也只是集中于对邻苯二甲酸二异辛酯、邻苯二甲酸二正辛酯、邻苯二甲酸丁基苄酯、邻苯二甲酸二正丁酯、邻苯二甲酸二乙酯、邻苯二甲酸甲酯6种邻苯二甲酸酯进行测定。而且由于环境样品基质复杂,污染物较多,高效液相色谱法和气相色谱法根据保留时间进行定性分析时,经常受到基质的干扰,造成假阳性。串联质谱法的采用,可以很大程度地去除基质干扰,较为准确地定性和定量分析。

加速溶剂萃取-串联质谱法是近几年发展起来的一种新的净化、分离和检测技术。其突出的优点是有机溶剂用量较少、操作自动化、萃取速度快、回收率高等,可用来取代索氏萃取法、超声萃取法等传统的萃取方法。

在对邻苯二甲酸酯的测定中,通常文献报道的方法是加速溶剂萃取法与气相色谱串联质谱联用,其中萃取液通过固相萃取等方法净化。Cortazar 等采用加速溶剂萃取法对沉积样品中的壬基酚和邻苯二甲酸酯进行萃取,选用 C_{18} 等固相萃取小柱对萃取液进行净化,最后用气相色谱-质谱联用法测定。Aragón 等采用加速溶剂萃取-气相色谱-质谱联用法对海港大气颗粒物中邻苯二甲酸酯和有机磷酸酯进行萃取测定,回收率大于90%,相对标准偏差小于11%,检出限为0.004~0.400 ng·m^{-3}。楼佳采用快速溶剂萃取-气相色谱-质谱联用法和超声萃取-气相色谱-质谱联用法测定塑料桌布中的邻苯二甲酸酯,回收率大于89.0%,相对标准偏差为4.3%。

多数有关加速溶剂萃取法的文献中,会选择较大的称样量,同时选用较大的样品萃取池，以便得到更低的检出限。皮仙宏采用加速溶剂萃取法对土壤样品中邻苯二甲酸酯进行萃取，其中称样量为 20 g。童宝峰等采用快速溶剂萃取法对沉积物中邻苯二甲酸酯进行萃取，用弗罗里硅藻土净化，气相色谱-质谱联用法测定，6 种邻苯二甲酸酯的检出限为 2.5～90.8 $ng \cdot g^{-1}$，其中称样量选择 20 g。

在加速溶剂萃取过程中，由于样品需要干燥以达到优良的萃取效果，在处理样品时需要用到分散剂。相关文献中，研究人员多数选择相对便宜的无水硫酸钠作为分散剂。胡恩宇等采用加速溶剂萃取法对土壤样品中的邻苯二甲酸酯进行萃取，其中称取 10 g 土壤样品和适量的无水硫酸钠混合均匀，于萃取池中进行萃取。罗财红等建立了快速溶剂萃取-气相色谱-三重四级杆串联质谱法测定沉积物中邻苯二甲酸酯的方法。其中称取样品 30 g，加入适量无水硫酸钠混合均匀后，于萃取池中萃取。萃取液经凝胶渗透色谱进行净化处理，内标法定量，检出限为 0.05～0.40 $\mu g \cdot kg^{-1}$，回收率为 50.5%～107.9%，相对标准偏差为 3.5%～13.9%。

本章采用加速溶剂萃取-高效液相色谱串联质谱法，结合大气压化学电离源，对 11 种邻苯二甲酸酯同时进行萃取分离和测定，尚未见用此方法对这 11 种邻苯二甲酸酯同时测定的报道。通过单因素和正交试验，对加速溶剂萃取条件（包括萃取溶剂、萃取温度、萃取次数、静态萃取时间、冲洗体积和吹扫时间）进行了优化，同时对液相色谱-质谱测试条件进行了优化，选择最佳质谱碎片。本章试验的优势在于采用相对较小的萃取池，称样量少，以达到减少基质干扰和节省溶剂的目的，而前人文献报道多选用 34 mL 和 66 mL 的萃取池，称样量多为 10 g 以上；本章选择弗罗里硅藻土作为分散剂，以便对土壤样品达到更好的分散效果，而前人文献报道多用价格便宜的无水硫酸钠作为分散剂，经试验验证，无水硫酸钠吸水性、分散性能较弗罗里硅藻土差，用量较多，吸水速度较慢；用加速溶剂萃取法，样品经萃取后无须固相萃取等净化过程，减少了有机溶剂及试验耗材的消耗，并且通过质谱基质效应分析，确认在无净化过程条件下，基质干扰也较小。在优化的条件下，本章试验的前处理更简便，有机溶剂用量更少，周期更短。

5.1　试验部分

5.1.1　仪器设备与材料

仪器设备:高效液相色谱仪,配二极管阵列检测器;6410A 型串联四极杆质谱仪,配大气压化学电离源(APCI)和 Mass Hunter 工作站;ASE-350 型加速溶剂萃取仪,配 10 mL 萃取池;N-1000 型旋转蒸发仪;超纯水机;Zorbax Eclipse XDB-C_{18} 色谱柱(250 mm × 4.6 mm,5 μm)。

材料:乙腈、二氯甲烷、丙酮、异丙醇、石油醚及正已烷;弗罗里硅藻土(0.180~0.154 mm 粒径,农残级);0.22 μm 滤膜;玻璃容器依次用水、丙酮、正已烷、二氯甲烷清洗,200 ℃烘干 10 h 以上,弗罗里硅藻土 200 ℃烘干 24 h。试验中避免使用任何塑料器皿。

邻苯二甲酸二甲酯、邻苯二甲酸二(2-甲氧基)乙酯、邻苯二甲酸二乙酯、邻苯二甲酸二乙氧基已酯、邻苯二甲酸二丙烯酯、邻苯二甲酸丁基苄酯、邻苯二甲酸二(2-丁氧基)乙酯、邻苯二甲酸二环已酯、邻苯二甲酸二戊酯、邻苯二甲酸二(4-甲基-2-戊基)酯、邻苯二甲酸已基-2-乙基已基酯(纯度大于 95.1%)。这些化合物的 CAS 号及结构式见表 4-1。

表 5-1　11 种邻苯二甲酸酯的 CAS 号和结构式

序号	化合物	CAS 号	结构式
1	邻苯二甲酸二甲酯(DMP)	131-11-3	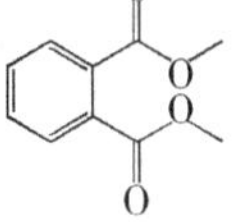
2	邻苯二甲酸二(2-甲氧基)乙酯(DMEP)	117-82-8	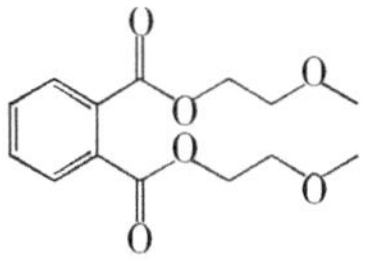

续表

序号	化合物	CAS 号	结构式
3	邻苯二甲酸二乙酯（DEP）	84-66-2	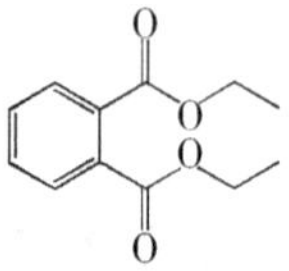
4	邻苯二甲酸二乙氧基己酯（DEEP）	605-54-9	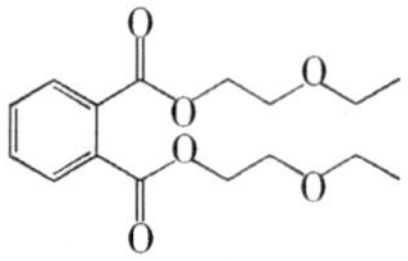
5	邻苯二甲酸二丙烯酯（DAP）	131-17-9	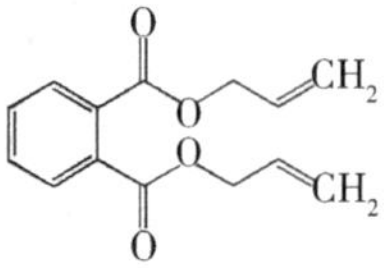
6	邻苯二甲酸丁基苄酯（BBP）	85-68-7	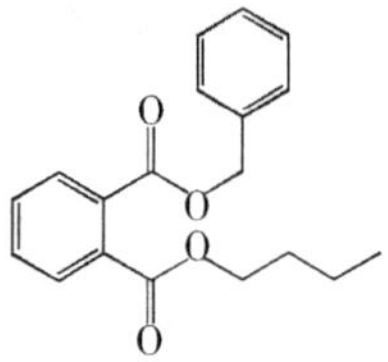
7	邻苯二甲酸二(2-丁氧基)乙酯（DBEP）	117-83-9	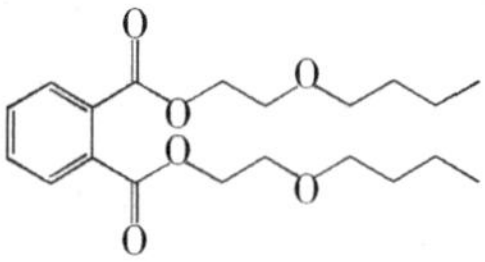
8	邻苯二甲酸二环己酯（DCHP）	84-61-7	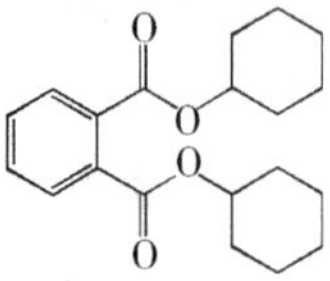
9	邻苯二甲酸二戊酯(DPP）	131-18-0	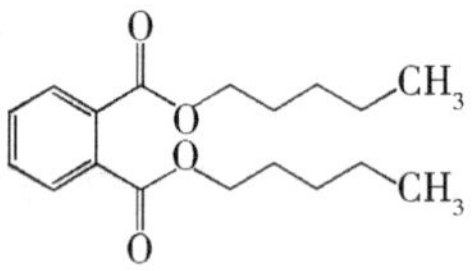
10	邻苯二甲酸二(4-甲基-2-戊基)酯（BMPP）	146-50-9	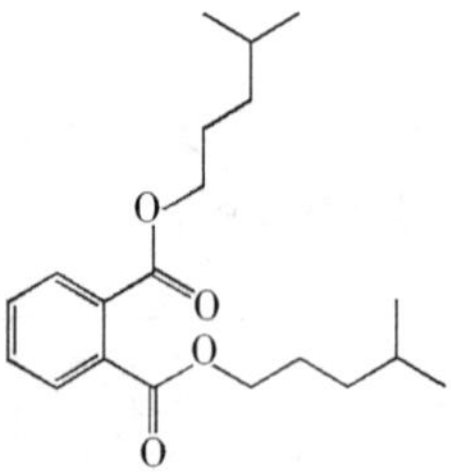

续表

序号	化合物	CAS 号	结构式
11	邻苯二甲酸己基-2-乙基己基酯(HEHP)	75673-16-4	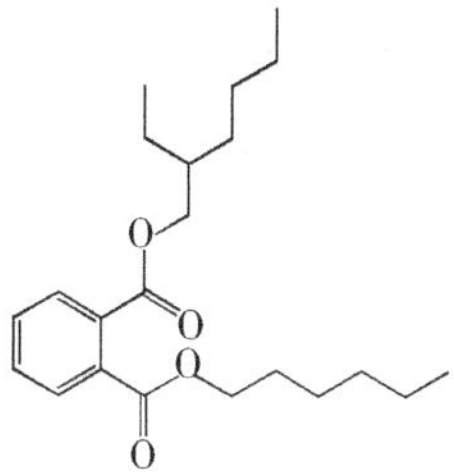

5.1.2　标准储备液与标准溶液的配制

准确量取 0.100 g 的邻苯二甲酸酯标准物质于 100 mL 容量瓶中,用乙腈定容至刻度,配成浓度均为 1 000 μg · mL^{-1} 的标准储备液,于 4 ℃下保存。使用时,用乙腈逐级稀释储备液,得到浓度分别为 0.5 ng · mL^{-1}、1 ng · mL^{-1}、5 ng · mL^{-1}、10 ng · mL^{-1}、20 ng · mL^{-1}、50 ng · mL^{-1}、100 ng · mL^{-1}、200 ng · mL^{-1} 及 500 ng · mL^{-1} 的混合标准溶液。

5.1.3　样品制备

5 种表层深度 20 cm 的土壤样品(1~5)取自黑龙江省哈尔滨市。土壤样品首先在常压下干燥,过 60 目筛以去除石块、植物根茎和其他较大颗粒。然后经粉碎机研磨,过 120 目筛,保存于干燥器中。

加标回收样品的制备:在处理好的土壤样品中添加一定量的邻苯二甲酸酯标准溶液,用研钵缓慢研磨使之混合均匀,之后将加标样品置于室温下 6 h,以确保溶剂完全挥发。

5.1.4　色谱及质谱条件

流动相:0.1%甲酸(A)和乙腈(B)。梯度洗脱程序:0~35 min,60%~90% B;35~37 min,90%~60%B;37~40 min,60%B。流速:1.0 mL · min^{-1}。柱温:

30 ℃。进样量:10.0 μL。后运行时间:5 min。大气压化学电离源(APCI),正离子模式。干燥气流速:5.0 L · min^{-1}。干燥气温度:350 ℃。喷雾器温度:400 ℃。喷雾器压力:40 psi。毛细管电压:3 500 V。电晕电流:4 μA。数据采集方式为多反应监测模式。组分保留时间、监测离子对 *m/z*、碎片化电压及碰撞能量见表 5-2。

表 5-2 质谱参数

序号	化合物	组分保留时间/min	监测离子对 *m/z*	碎片化电压/V	碰撞能量/V
1	邻苯二甲酸二甲酯	5.22	195.0/163.0	70	33
2	邻苯二甲酸二(2-甲氧基)乙酯	6.03	283.1/59.0	60	10
3	邻苯二甲酸二乙酯	11.47	223.1/149.1	80	19
4	邻苯二甲酸二乙氧基己酯	11.83	311.1/73.1	90	9
5	邻苯二甲酸二丙烯酯	15.96	247.1/41.1	100	8
6	邻苯二甲酸丁基苄酯	25.06	313.1/91.0	70	23
7	邻苯二甲酸二(2-丁氧基)乙酯	25.44	367.2/101.1	100	5
8	邻苯二甲酸二环己酯	27.50	331.2/149.0	60	14
9	邻苯二甲酸二戊酯	27.35	307.2/149.0	90	10
10	邻苯二甲酸二(4-甲基-2-戊基)酯	28.85	335.3/149.0	20	13
11	邻苯二甲酸己基-2-乙基己基酯	29.82	363.3/149.0	30	2

5.1.5 试验方法

称取 1.000 g 粉碎均匀的土壤试样,加入 1.50 g 弗罗里硅藻土研磨拌匀,装入 10 mL 的萃取池中进行萃取。以正己烷为萃取溶剂,在 10.3 MPa 和 160 ℃ 条件下静态循环萃取 4 次,每次 12 min。采用 60%的冲洗体积,90 s 的氮气吹扫时间,收集全部萃取液于收集瓶中。将萃取液转入旋转蒸发仪中,于 45 ℃水浴中减压浓缩至近干,用 1 mL 乙腈定容。过 0.22 μm 滤膜后,进行分析。

5.1.6 空白试验

由于使用了塑料制品(如滤膜),邻苯二甲酸酯化合物污染普遍存在,在整个试验中很容易造成外界邻苯二甲酸酯的干扰。对溶剂、器皿和试剂等从贮存到使用过程中要严格控制外界邻苯二甲酸酯污染。

5.1.7 空白试剂

取 30.0 mL 色谱纯正己烷,用高纯氮气吹至 1.0 mL 后引入高效液相色谱串联质谱仪中进行测定,无邻苯二甲酸酯检出。

5.1.8 空白样品

取空白土壤进行分析,结果表明,11 种邻苯二甲酸酯化合物均未检出,浓度低于检出限浓度,满足空白样品的分析要求。

5.2 结果与讨论

5.2.1 色谱条件

试验考察了流动相的影响。结果表明,当流动相为乙腈-水体系时,仪器响应值和色谱分离选择性优于甲醇-水流动相。进一步比较研究了在乙腈-水流动相中分别添加 10 mmol · L^{-1} 甲酸铵、10 mmol · L^{-1} 乙酸铵及 0.1%甲酸对测定的影响。结果表明,乙腈-0.1% 甲酸水溶液为流动相时,质谱信号较强。对流速和柱温的考察结果表明,在 1.0 mL · min^{-1} 流速和 30 ℃柱温条件下,待测物的分离效果、分析时间、响应值及色谱柱的柱压都比较理想。图 5-1 为优化试验条件下空白样品、加标样品和标准溶液的色谱图。图 5-2 为 11 种邻苯二甲酸酯的提取质量色谱图。

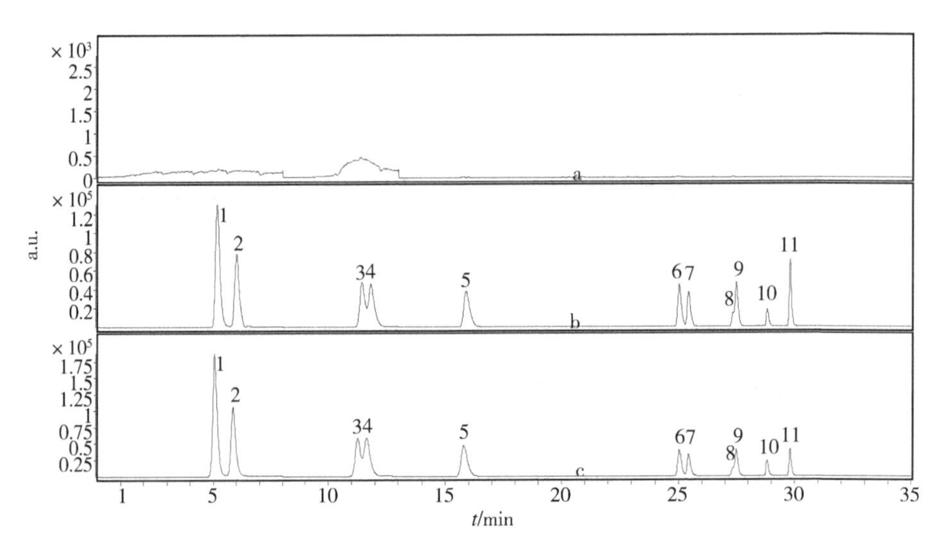

图 5-1 空白样品(a)、加标样品(b)、标准溶液(c)的色谱图

1—邻苯二甲酸二甲酯;2—邻苯二甲酸二(2-甲氧基)乙酯;3—邻苯二甲酸二乙酯;4—邻苯二甲酸二乙氧基己酯;5—邻苯二甲酸二丙烯酯;6—邻苯二甲酸丁基苄酯;7—邻苯二甲酸二(2-丁氧基)乙酯;8—邻苯二甲酸二环己酯;9—邻苯二甲酸二戊酯;10—邻苯二甲酸二(4-甲基-2-戊基)酯;11—邻苯二甲酸己基-2-乙基己基酯。

5.2.2 质谱条件

邻苯二甲酸酯在电喷雾电离模式下几乎都形成$[M+Na]^+$准分子离子峰,或无准分子离子峰,这是由于邻苯二甲酸酯为弱极性化合物,在电喷雾电离作用下不能成功生成$[M+H]^+$准分子离子峰,故选择大气压化学电离源作为电离源。在大气压化学电离源正离子模式下所有组分均有很强的响应;而在负离子模式下所有组分均无明显响应,因此选用大气压化学电离源正离子模式。基于高效液相色谱串联质谱母离子和子离子的多反应监测模式,通过设定多个时间段和扫描通道同时测定邻苯二甲酸酯。先通过液相色谱分离和单机全扫描,确定待测物出峰的保留时间和一级碎片离子,选择强度高的一级碎片离子作为母离子,应用子离子扫描模式对母离子在不同碰撞能量下进行电离轰击,找到产生较强的二级碎片的离子作为子离子,此时使最终监测的子离子产生最强响应的碰撞能量为最终优化碰撞能量。流动相的组成对邻苯二甲酸酯离子化效率影响显著。以乙腈-0.1%甲酸水溶液为流动相时,待测组分的准分子离子峰主要为$[M+H]^+$,且 11 种邻苯二甲酸酯都有较好的响应。

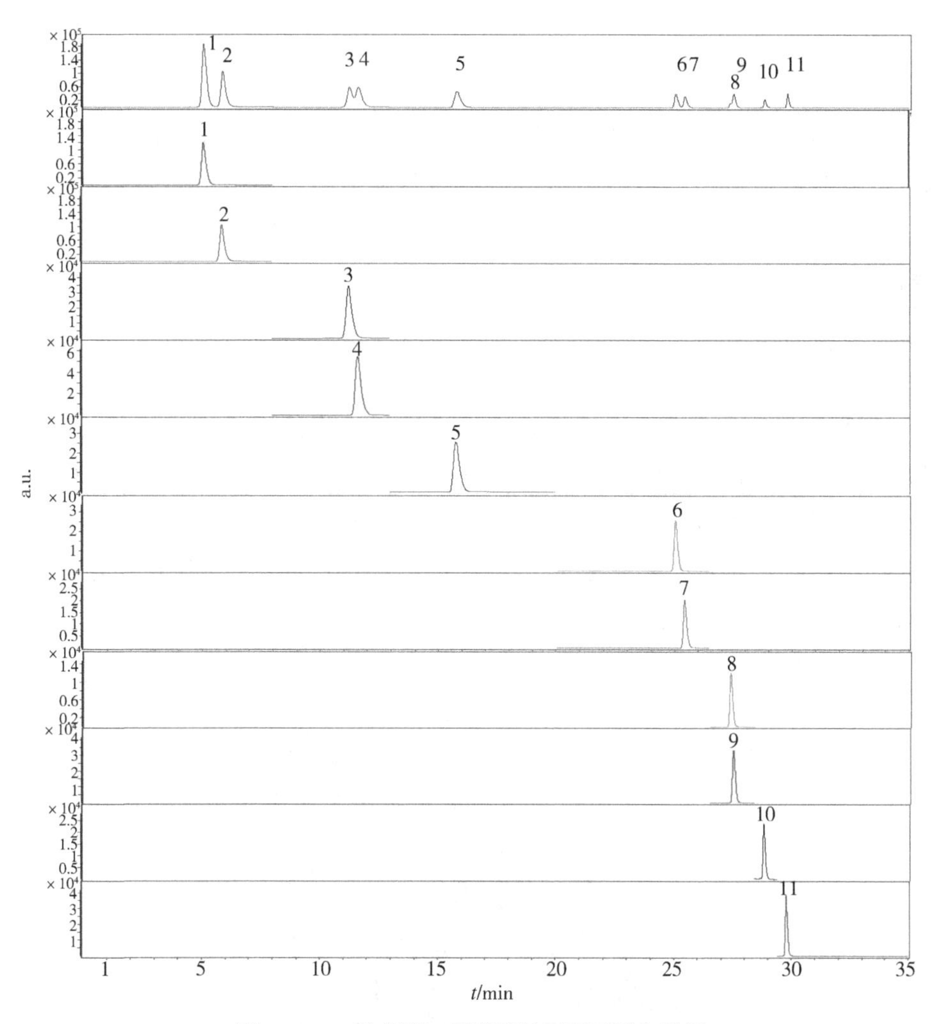

图 5-2　11 种邻苯二甲酸酯的提取质量色谱图

1—邻苯二甲酸二甲酯;2—邻苯二甲酸二(2-甲氧基)乙酯;3—邻苯二甲酸二乙酯;4—邻苯二甲酸二乙氧基己酯;5—邻苯二甲酸二丙烯酯;6—邻苯二甲酸丁基苄酯;7—邻苯二甲酸二(2-丁氧基)乙酯;8—邻苯二甲酸二环己酯;9—邻苯二甲酸二戊酯;10—邻苯二甲酸二(4-甲基-2-戊基)酯;11—邻苯二甲酸己基-2-乙基己基酯。

5.2.3 萃取条件的选择

5.2.3.1 萃取溶剂

由于邻苯二甲酸酯为弱极性化合物,采用弱极性或非极性溶剂要好于极性溶剂,故土壤中邻苯二甲酸酯的萃取试验选用异丙醇、石油醚、正己烷等溶剂。试验结果表明正己烷萃取效率高,背景干扰小。因此本章试验选用正己烷作为萃取溶剂。

5.2.3.2 萃取温度

萃取时升高温度可增强溶剂对样品的渗透力,降低溶剂的黏度,减小溶剂与样品基质之间的表面张力,从而提高待测物的溶解度。本章考察了萃取温度对萃取效果的影响,如图 5-3 所示。结果表明,升高萃取温度,回收率增加,当温度达到 160 ℃时回收率最高,随着温度的继续升高,回收率有降低的趋势,说明在高温状态下,待测物发生分解。因此萃取温度选择 160 ℃。

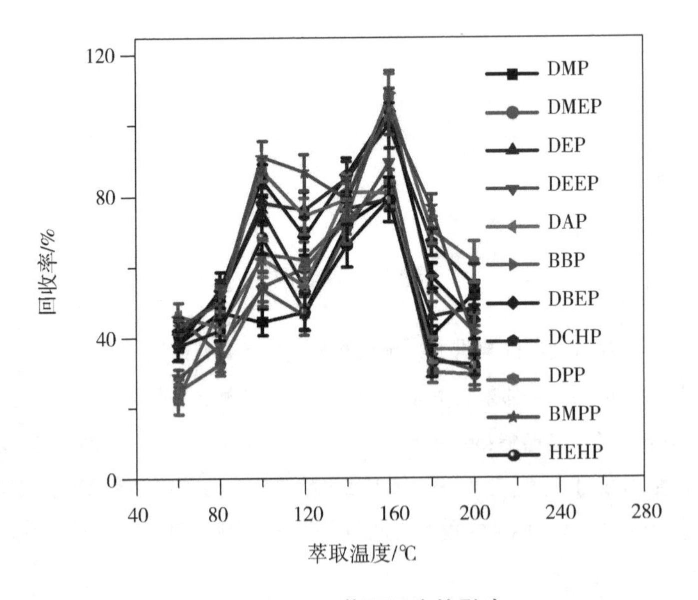

图 5-3 萃取温度的影响

5.2.3.3　萃取次数

用正己烷作为萃取溶剂,选择萃取温度为 160 ℃,对加标土壤样品分别进行多次萃取,结果如图 5-4 所示。随着萃取次数的增加,待测物的回收率增加,当萃取次数为 4 次时,待测物的回收率达到最高,再增加萃取次数会增加萃取时间,浪费溶剂,因此萃取次数选择 4 次。

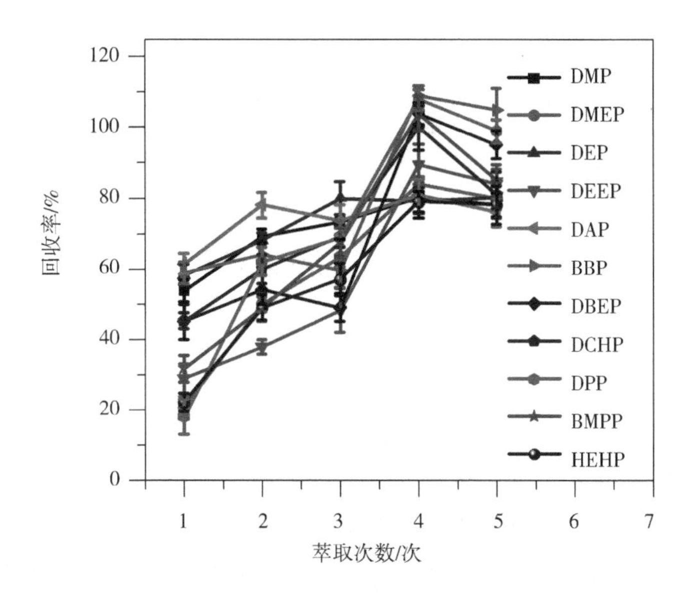

图 5-4　萃取次数的影响

5.2.3.4　静态萃取时间

用正己烷作为萃取溶剂,选择萃取温度为 160 ℃,萃取次数为 4 次,考察了静态萃取时间对萃取效果的影响,结果如图 5-5 所示。当静态萃取时间由 3 min 增加到 12 min 时,回收率明显增加,但当静态萃取时间由 12 min 增加到 20 min 时,回收率基本上不再增加。考虑到试验周期因素,选择静态萃取时间为 12 min。

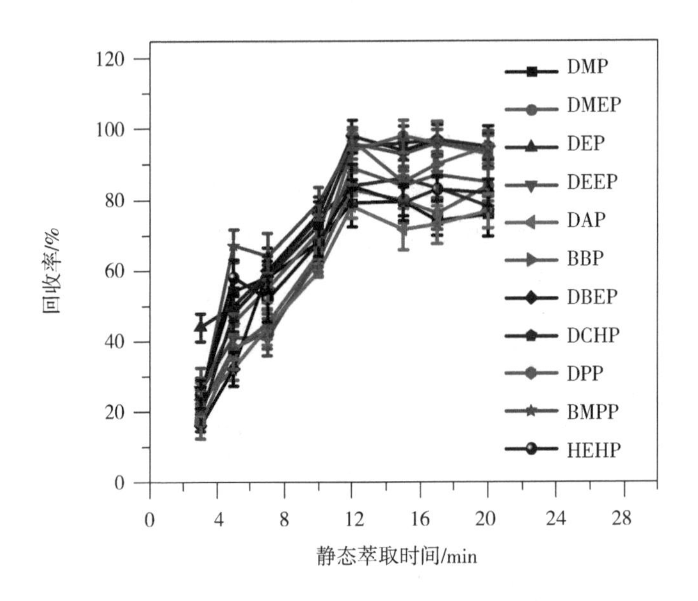

图 5-5 静态萃取时间的影响

5.2.3.5 冲洗体积

用正己烷作为萃取溶剂，萃取温度为 160 ℃，萃取次数为 4 次，静态萃取时间为 12 min，考察冲洗体积对萃取效果的影响。试验结果表明，冲洗体积的变化对回收率没有明显的影响。冲洗体积越大，浪费的溶剂越多，所以选择冲洗体积为 60%。

5.2.3.6 吹扫时间

用正己烷作为萃取溶剂，萃取温度为 160 ℃，萃取次数为 4 次，静态萃取时间为 12 min，冲洗体积为 60%，考察了吹扫时间对萃取效果的影响。试验结果表明，吹扫时间对待测物的回收率影响不大，故选择吹扫时间为 90 s。

5.2.3.7 正交试验

采用三因素三水平正交试验方案 $L_9(3^3)$ 安排试验，考察了 3 个因素对加速溶剂萃取土壤中邻苯二甲酸酯过程的影响。以萃取温度、萃取次数以及静态萃取时间为考察因素（各取 3 个水平），以土壤中邻苯二甲酸酯的回收率为指标，见表 5-3。与单因素试验结果进行比较,确定加速溶剂萃取土壤中邻苯二甲酸酯的最佳工艺条件。

表 5-3　正交试验结果 (n=3)

水平	因素		
	萃取温度/℃(A)	循环次数/次(B)	静态萃取时间/min(C)
1	120	3	12
2	140	4	15
3	160	5	17

由正交试验结果分析,最佳的萃取工艺条件为:选用 10 mL 萃取池,称取 1.000 g 加标土壤样品,用正己烷作为萃取溶剂,萃取温度为 160 ℃,萃取次数为 4 次,每次 12 min。为验证该组合的正确性,按此组合做 3 次平行试验,结果表明,该工艺条件下邻苯二甲酸酯的回收率为 72.8%~101.8%,正交试验结果与单因素试验结果相符合。通过极差分析得知,萃取温度为主要影响因素,萃取时间和萃取次数产生次要的影响。

5.2.4　方法评价

5.2.4.1　线性、检出限及相对标准偏差

取土壤样品 1,添加一定浓度的邻苯二甲酸酯混合标准溶液,在低温阴凉处挥干后进行分析。试验结果如表 5-4 所示。从表中可以看出,11 种邻苯二甲酸酯在较大的范围具有良好的线性关系,检出限为 0.03~13.00 $ng \cdot g^{-1}$,相对标准偏差为 2.0%~7.0%,相关系数大于等于 0.999 8。

表 5-4 邻苯二甲酸酯的线性回归方程、线性范围、相关系数、检出限及相对标准偏差

化合物	线性回归方程	线性范围/（ng · g^{-1}）	相关系数	检出限/（ng · g^{-1}）	相对标准偏差/%
邻苯二甲酸二甲酯	$A=112.76C-2\ 320.1$	41.60~4 160	0.999 9	13.0	6.2
邻苯二甲酸二(2-甲氧基)乙酯	$A=200.74C+145.37$	0.33~3 112	0.999 9	0.10	5.4
邻苯二甲酸二乙酯	$A=373.42C+1\ 783.2$	5.14~514	1.000 0	2.00	7.0
邻苯二甲酸二乙氧基己酯	$A=138.71C+92.65$	1.00~3 120	1.000 0	0.30	5.8
邻苯二甲酸二丙烯酯	$A=74.114C+569.96$	2.57~2 984	0.999 9	0.80	5.1
邻苯二甲酸丁基苄酯	$A=156.99C+64.358$	1.33~2 032	0.999 9	0.40	2.0
邻苯二甲酸二(2-丁氧基)乙酯	$A=63.206C+347.56$	2.33~5 220	0.999 8	0.70	5.5
邻苯二甲酸二环己酯	$A=190.98C-51.427$	0.33~1 388	1.000 0	0.10	5.4
邻苯二甲酸二戊酯	$A=441.78C-82.118$	0.33~500	1.000 0	0.10	4.5
邻苯二甲酸二(4-甲基-2-戊基)酯	$A=1\ 608.4C-61.431$	0.10~53	1.000 0	0.03	3.6
邻苯二甲酸己基-2-乙基己基酯	$A=36.826C+61.521$	2.33~2 368	0.999 8	0.70	6.9

5.2.4.2 与其他萃取方法的比较

以加标土壤作为样品，将加速溶剂萃取法与索氏萃取法和超声萃取法进行比较，如表 5-5 所示。对于 11 种邻苯二甲酸酯，加速溶剂萃取法的回收率最理想，索氏萃取法和超声萃取法只对部分邻苯二甲酸酯有萃取作用，这是因为萃取邻苯二甲酸酯需要较高的温度，而且温度是影响萃取的主要因素，索氏萃取法和超声萃取法都不能达到较高的温度，所以萃取效果欠佳。加速溶剂萃取法色谱峰比较干净，干扰小，且节省溶剂，也省时。

表 5-5　三种萃取方法的比较

	加速溶剂萃取法	索氏萃取法	超声萃取法
回收率/%	72.8~101.8	58.1~89.1	26.8.1~60.9
相对标准偏差/%	1.7~6.7	4.3~12.6	5.0~9.7
样品量/g	1.00	1.00	1.00
溶剂	正己烷	正己烷	正己烷
萃取溶剂体积/mL	15~20	100	150
萃取时间/min	30~50	360	60

5.2.4.3　实际样品分析

对 5 种土壤样品进行了分析。在这些土壤样品中,均未检出 11 种邻苯二甲酸酯。对 5 种土壤进行加标试验,试验结果如表 5-6 所示。从表中可以看出,样品的加标平均回收率为 72.8%~101.8%,相对标准偏差为 1.4%~6.7%。说明该方法稳定,回收率高,具有实际应用的价值。

表 5-6　土壤样品中 11 种邻苯二甲酸酯的回收率和相对标准偏差 ($n=3$)

邻苯二甲酸酯	标高/(ng·g^{-1})	样品 1		样品 2		样品 3		样品 4		样品 5	
		回收率/%	相对标准偏差/%	回收率/%	相对标准偏差/%	回收率/%	相对标准偏差/%	回收率/%	相对标准偏差/%	回收率/%	相对标准偏差/%
邻苯二甲酸二甲酯	100	72.8	3.4	78.2	3.6	73.3	3.0	73.6	3.5	74.8	3.5
	1 000	88.9	1.8	89.1	2.1	90.8	2.0	89.7	2.7	89.6	2.6
邻苯二甲酸二(2-甲氧基)乙酯	10	84.0	6.0	83.3	5.1	84.9	5.2	88.9	5.0	84.6	5.3
	100	89.1	5.4	90.0	5.0	91.7	5.6	91.6	5.5	89.8	5.5
邻苯二甲酸二乙酯	10	79.2	4.9	80.3	4.5	79.8	4.5	81.7	4.7	78.7	4.8
	100	94.4	5.2	95.0	5.4	95.0	5.0	96.0	4.3	96.8	5.0
邻苯二甲酸二乙氧基己酯	10	89.5	2.7	91.8	2.9	88.6	2.6	91.8	2.8	88.6	2.9
	100	90.3	3.6	90.8	3.4	91.8	3.8	90.4	4.0	90.8	4.1

续表

邻苯二甲酸酯	标高/(ng·g^{-1})	样品 1		样品 2		样品 3		样品 4		样品 5	
		回收率/%	相对标准偏差/%	回收率/%	相对标准偏差/%	回收率/%	相对标准偏差/%	回收率/%	相对标准偏差/%	回收率/%	相对标准偏差/%
邻苯二甲酸二丙烯酯	10	80.7	6.4	81.8	5.9	79.8	5.8	81.8	5.9	81.5	6.0
	100	90.1	6.7	89.6	5.3	91.8	5.5	91.0	6.4	90.2	6.6
邻苯二甲酸丁基苄酯	10	97.1	4.0	96.8	3.3	97.2	3.5	97.3	3.7	96.7	4.1
	100	96.4	4.3	96.8	4.0	100.5	4.1	95.8	4.6	96.4	4.0
邻苯二甲酸二(2-丁氧基)乙酯	10	98.0	4.1	98.6	3.7	96.4	4.8	98.6	4.2	101.8	4.2
	100	99.3	2.2	97.8	2.3	98.7	2.8	97.8	3.9	97.2	2.9
邻苯二甲酸二环己酯	10	95.4	1.9	96.4	2.0	96.8	2.2	96.0	2.4	95.8	2.0
	100	97.8	3.2	97.1	3.0	98.0	3.0	97.5	2.9	97.8	3.0
邻苯二甲酸二戊酯	10	94.8	3.6	95.3	3.8	96.8	3.3	96.8	3.3	94.9	3.3
	100	94.0	1.4	94.8	2.0	94.8	2.6	94.4	2.0	94.9	2.0
邻苯二甲酸二(4-甲基-2-戊基)酯	10	96.5	6.4	96.8	6.0	98.5	2.3	97.8	6.2	97.8	5.2
	100	97.6	3.7	97.8	2.9	98.1	3.8	98.8	4.0	97.8	3.9
邻苯二甲酸己基-2-乙基己基酯	10	83.8	1.7	84.1	1.9	83.4	2.8	86.8	3.8	84.2	2.5
	100	79.8	3.6	85.6	2.5	80.6	3.9	81.9	4.1	80.4	4.0

5.3 小结

本章采用加速溶剂萃取-高效液相色谱串联质谱法对土壤样品中 11 种邻苯二甲酸酯进行分析测定。对萃取条件进行了优化，并分析了实际样品，邻苯二甲酸酯的浓度与其峰面积呈良好的线性关系，检出限为 0.03 ~ 13.00 ng·g^{-1}，样品的加标平均回收率为 72.8% ~ 101.8%，相对标准偏差为 1.4%~6.7%。该方法简单快速，且灵敏度高，适用于土壤中 11 种邻苯二甲酸酯的同时测定。

参考文献

[1]齐文启，孙宗光. 痕量有机污染物的监测[M]. 北京：化学工业出版社，2001.

[2]LIN Z P，IKONOMOU M G，JING H W，et al. Determination of phthalate ester congeners and mixtures by LC/ESI-MS in sediments and biota of an urbanized marine inlet [J]. Environmental Science and Technology，2003，37：2100-2108.

[3]WANG P，ZHANG Q H，WANG Y W. Evaluation of Soxhlet extraction，accelerated solvent extraction and microwave-assisted extraction for the determination of polychlorinated biphenyls and polybrominated diphenyl ethers in soil and fish samples[J]. Analytica Chimica Acta，2010，663(1)：43-48.

[4]ARAGÓN M，MARCÉ R M，BORRULL F. Determination of phthalates and organophosphate esters in particulated material from harbour air samples by pressurised liquid extraction and gas chromatography-mass spectrometry[J]. Talanta，2012，101：473-478.

第6章　含铋半导体光催化剂的电荷调控及氯酚降解机制研究

铋金属元素储量丰富且无毒,并且含铋半导体光催化材料(如 BiOBr、Bi_2O_3 等)因其特殊的晶体结构、能带结构及较好的可见光吸收性能,在污染物降解方面表现出较大潜力。本章选取无机铋基光催化材料 BiOBr、Bi_2O_3,基于材料本身的特点,通过磷酸修饰促进氧吸附、引入高能级平台(HEL)和吸附诱导等电荷调控策略对其进行改性,考察其在降解氯酚类污染物方面的性能,并重点研究电荷调控策略对电荷分离机制与污染物降解机制的影响,为设计研发用于环境修复的高性能铋基半导体光催化材料提供理论支持及可行策略。

针对 BiOBr 和 Bi_2O_3 光生电荷复合严重、降解氯酚机制不清楚等问题,通过磷酸修饰促进氧吸附、引入高能级平台等方法调控其光生电子,促进光生电荷分离。通过对比不同的调控手段,研究其对降解活性物种及降解路线的影响。通过磷酸修饰和引入磷酸铋高能级平台可以分别促进表面氧吸附和维持光生电子的热力学寿命,进而促进电荷分离,利于光生电子活化氧形成超氧自由基离子,从而提高光催化降解氯酚的活性。对于 Bi_2O_3 催化剂,由于其表面铋与氯酚上的氯具有化学相互作用,可有效促进氯酚污染物的选择性吸附,从而诱导光生空穴直接进攻氧化氯酚有机污染物,实现基于首先脱氯的高效氯酚降解。同时,利用液相色谱-质谱联用法和自由基捕获试验等,通过中间产物分析,研究电荷调控对降解路径的影响。

6.1　试验部分

6.1.1　仪器设备与材料

仪器设备：SX2-4-10 型高温箱式电阻炉，DF101S 型恒温加热磁力搅拌器，150 W 球形氙灯，300 W 球形氙灯，H1850 型高速离心机，Bruker D8 Advance 型 X 射线衍射仪，iS50 型傅里叶变换红外光谱仪，UV-2700 型紫外-可见分光光度计，S-4800 型扫描电子显微镜，JEM-2010X 型透射电子显微镜，ESCALAB MK Ⅱ型 X 射线光电子能谱仪，Tristar Ⅱ 3020 型物理化学吸附仪，稳态表面光电压测试系统，瞬态表面光电压测试系统，PGSTAT101 型电化学工作站，1200 型高效液相色谱仪，LS55 型荧光分光光度计，AR1140 型电子天平，6410 型液相色谱串联质谱仪，ICS-600 型离子色谱仪。

材料：五水合硝酸铋，溴化钾，乙二胺四乙酸二钠，无水乙醇，焦磷酸钠，硝酸，香豆素，酞酸四丁酯，聚乙二醇，一水合柠檬酸，氢氧化钠，甲醇，磷酸二氢钠，异丙醇，磷酸，硫酸钡，二氧化钛（P25），2，4-二氯苯酚，邻氯苯酚，五水合四氯化锡，对苯醌，九水合硝酸铁。试验使用的试剂均为分析纯，涉及的试剂均未经二次纯化。

6.1.2　结构表征

6.1.2.1　X 射线衍射分析

X 射线衍射（XRD）是一种表征物质的晶相和晶体结构的测试技术。配备 Cu 衍射靶，测试电压为 40 kV，测试电流为 50 mA，扫描速度 $8° \cdot min^{-1}$。

6.1.2.2　透射电子显微镜

透射电子显微镜（TEM）是用于表征样品微观形貌的一种重要技术手段，通过透射电子显微镜图片可获取样品形貌、粒径大小及其分布情况等信息。仪器配备的 EDS 分析速度较上几代更快,且对样品损伤更小。

6.1.2.3 紫外-可见漫反射光谱

紫外-可见漫反射光谱(UV-vis DRS)是一种能够获取光催化材料的带边吸收位置、带隙能及表面态等信息的测试技术。测试时使用 $BaSO_4$ 作为参比校准基线。

6.1.2.4 X 射线光电子能谱

X 射线光电子能谱(XPS)是用于表征化合物的元素组成、含量、化学价态和化学环境等信息的重要分析测试方法。采用单色化铝靶 X 射线源。

6.1.3 电荷分离表征

6.1.3.1 光致发光光谱

光致发光(PL)光谱是一种用于研究光催化材料的光生电荷分离、复合等信息的分析测试方法。本书中的光致发光光谱测试涉及稳态光致发光光谱和瞬态光致发光光谱两种测试方法。稳态光致发光光谱测试所用仪器为 LS55 型荧光分光光度计;瞬态光致发光光谱利用光电倍增管(型号为 H1461P-11)配备时间相关的单光子计数系统进行测试,激发源为 405 nm 脉冲激光。用 50 ps 的脉冲二极管激光器(型号为 23-APiL037X)在 405 nm 条件下激发样品。瞬态光致发光光谱测试系统的时间分辨率约为 1 ns。

6.1.3.2 表面光电压测试

表面光电压(SPV)测试是一种能够直接揭示光生载流子的分离、复合等信息的表面光物理技术。本章中的表面光电压测试涉及稳态表面光电压(SS-SPV)测试及瞬态表面光电压(TR-SPV)测试两种方法。

本章采用的稳态表面光电压测试系统为组内自行搭建的,配备样品池、光源、光源斩波器(型号为 SR540)、同步锁相放大器(型号为 SR830)和单色仪(型号为 SBP300)。本章采用的稳态表面光电压测试系统如图 6-1 所示。被测样品粉末被两块 ITO 导电玻璃夹紧,置于样品池中。样品池可根据试验需要充满不同的气体(空气、氮气、氧气等)。测试样品被经过斩波的单色光照射时所产生的光电压信号导入锁相放大器,经放大处理后被计算机采集。

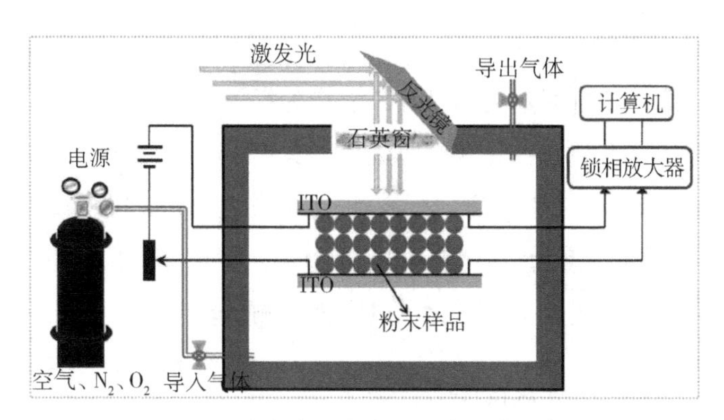

图 6-1　稳态表面光电压测试系统示意图

本章采用的瞬态表面光电压测试系统也为组内自行搭建的,配备激光光源(型号为 Lab-130-10H 的 Nd:YAG 激光器,激发波长可选 355 nm 或 532 nm)、能量计(型号为 PE50BF-DIF-C)、前置放大器(型号为 5185)、数字示波器(型号为 DPO 4104B,带宽 1 GHz),可以获得光生电荷的动力学行为信息。瞬态表面光电压测试系统如图 6-2 所示。与稳态表面光电压测试不同的是,在瞬态表面光电压测试中,样品被脉冲激光所激发,产生的光电压信号由前置放大器放大后,最终被数字示波器所收集。

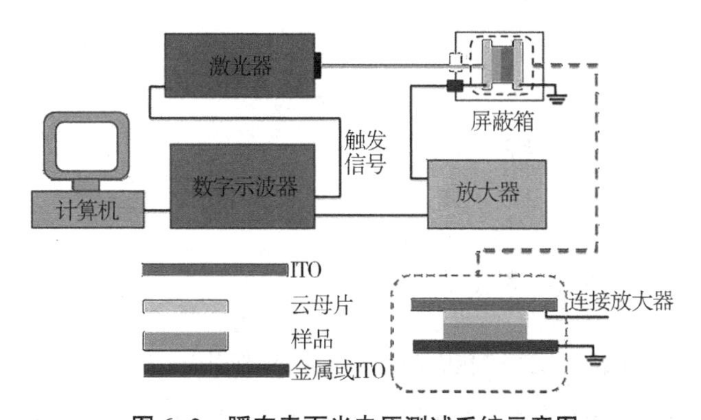

图 6-2　瞬态表面光电压测试系统示意图

6.1.4 性能测试分析

6.1.4.1 与羟基自由基含量相关的荧光测试

本章开展的羟基自由基测试以香豆素作为探针分子,利用催化剂在光照条件下产生的羟基自由基与香豆素反应生成的具有荧光信号的7-羟基香豆素来反映催化剂的羟基自由基产量。具体测试方法为:将0.02 g催化剂分散于50 mL香豆素溶液(浓度为2×10^{-4} mol·L^{-1}),在光照条件下搅拌30 min,将悬浊液离心后留上层清液置于石英比色皿中进行测试。

6.1.4.2 光催化降解氯酚的测试

光催化降解氯酚的测试流程如下:称取催化剂0.2 g加入装有50 mL已知浓度的氯酚标准溶液的100 mL小烧杯中,首先避光搅拌30 min,以便达到吸附平衡,然后再转移至150 W球形氙灯光源下进行光照反应,每隔0.5 h取一定体积的反应液体,过0.45 μm水相滤膜,进入高效液相色谱仪测试其含量。通过单点法计算氯酚光催化的降解率。根据保留时间定性分析,由降解前后峰面积的比值确定降解活性。降解率=(目标污染物原液峰面积-降解后样品峰面积)/目标污染物原液峰面积×100%。

液相色谱条件:采用1200型高效液相色谱仪,配紫外检测器,色谱柱为SB-C_{18}柱(250 mm × 5 mm,4.5 μm),流动相甲醇:水=50:50,进样量20 μL。邻氯苯酚和2,4-二氯苯酚对应的检测波长为274 nm和284 nm。

6.1.5 机制分析与表征

6.1.5.1 自由基捕获测试

通过羟基自由基测试来判断反应中实际起作用的活性物种。光催化降解反应的活性物种主要为光生空穴(h^+)、羟基自由基(·OH)和超氧自由基离子(·O_2^-),测试过程为:在光催化反应体系中分别加入相对应的1 mmol·L^{-1}的捕获剂溶液,乙二胺四乙酸二钠为空穴捕获剂,异丙醇为羟基自由基捕获剂,苯醌为超氧自由基离子捕获剂。光催化反应结束后,利用 UV-2700 型紫外-可见分光光度计测定吸光度,并换算为降解率。

6.1.5.2　中间有机产物液相色谱串联质谱分析

通过液相色谱串联质谱法对污染物的光降解过程中形成的中间产物进行了分析。将 0.2 g 样品加入一个 100 mL 的烧杯中,再加入有机污染物(50 mL, 10 mg · L^{-1}),搅拌,在光反应之前将悬浮液在黑暗中搅拌 0.5 h,以确保有机污染物颗粒被吸附在光催化剂的表面。之后,系统开始用氙灯照射 4 h。每隔一段时间将一定量的溶液取出过 0.22 μm 滤膜,进行质谱分析。色谱条件: C_{18} 色谱柱(100 mm × 2.1 mm,2.7 μm),柱温为 35 ℃,流动相为 0.1%甲酸水溶液 : 甲醇= 50 : 50,流速为 0.3 mL · min^{-1},进样体积为 10 μL;质谱条件:电离方式为电喷雾电离,负离子模式(氯酚及其中间产物),离子源温度为 350 ℃,雾化气压力为 35 psi,干燥气流速 8 L · min^{-1},碎裂电压为 20 V,碰撞器能量 5~20 V。在仪器使用前,三重四级杆质谱仪在 m/z = 30~1 000 范围内进行质量轴校准,以获得 0.1 unit 的质量精度。定性分析采用 Agilent Masshunter 软件,从总离子流图(TIC)中提取质量色谱图(EIC),逐一分析每个碎片,再通过子离子扫描(Product Ion)模式确认每个产物的二级碎片,通过质荷比和二级碎片分析产物结构。

6.1.5.3　无机产物离子色谱分析

光催化转化氯酚过程中所产生的氯离子含量的测定采用离子色谱仪。辅助气体为高纯氮气,进样器型号为 Dionex AS-DV,阴离子保护柱为 IonPac AG (50 mm × 4 mm),阴离子分析柱为 IonPac AG 23 (250 mm × 4 mm),柱温为 45 ℃,进样量为 50 μL,淋洗液为 Na_2CO_3(4.5 mmol · L^{-1})和 $NaHCO_3$ (8.0 mmol · L^{-1})的混合溶液,色谱流速为 0.8 mL · min^{-1},阴离子抑制器型号为 Dionex AERS 500,抑制器电流为 25 mA。采用 Chromeleon 7 色谱数据处理系统进行数据采集和分析。采用标准曲线外标法进行定量,氯离子标准储备液体浓度为 1 000 μg · mL^{-1},稀释成不同浓度 Cl^- 工作溶液,得到的线性方程为 y =

2.760c,相关系数为0.999 4。

淋洗液的配制:碳酸钠5.298 g溶于1 000 mL水中,碳酸氢钠4.2 g溶于1 000 mL水中,再取9 mL碳酸钠溶液和1.6 mL碳酸氢钠溶液,加水定容至1 000 mL,过0.45 μm滤膜,备用。图6-3是阴离子标准溶液的离子色谱图,保留时间为9.148 min的是氯离子的色谱峰。

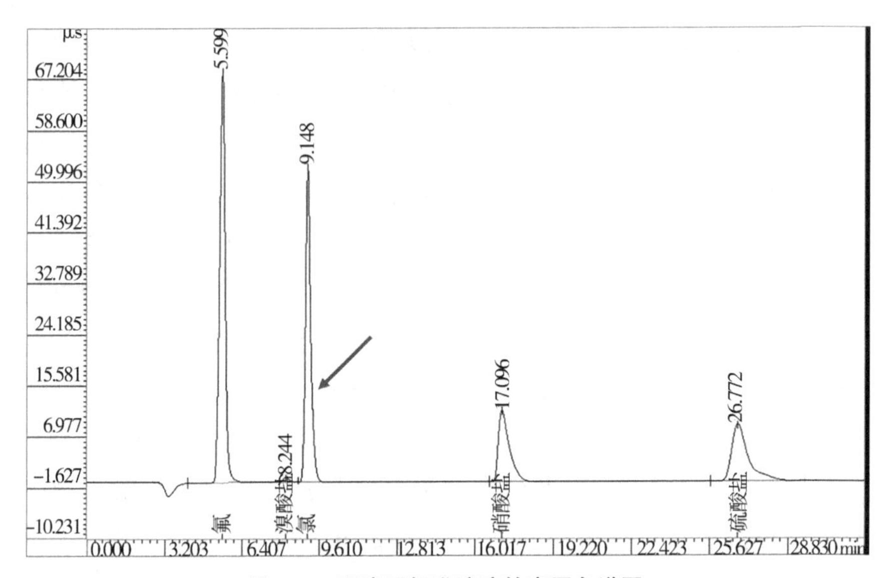

图6-3 阴离子标准溶液的离子色谱图

6.1.6 光催化剂的制备

6.1.6.1 BiOBr纳米片的制备

采用水热法制备了BiOBr纳米片。将2 mmol的$Bi(NO_3)_3 \cdot 5H_2O$与18 mL硝酸(1 mol · L^{-1})混和,经过超声搅拌10 min,得到溶液A;再取2 mmol的KBr与12 mL硝酸(1 mol · L^{-1})混合,经过超声搅拌10 min,得到溶液B;将溶液B缓慢滴加到A中,再搅拌30 min后转移到水热反应釜内,160 ℃下恒温6 h。自然冷却至室温,将所得固体经多次水洗、醇洗,最后60 ℃干燥制得。

6.1.6.2 H_3PO_4/BiOBr 光催化剂的制备

将1 g已制备的BiOBr纳米片置于小烧杯内，然后加入0.1 mol·L^{-1}的H_3PO_4溶液16 mL，超声处理10 min，搅拌1.5 h。经过离心后，于80 ℃干燥，即得样品，标记为0.5P-BiOBr。

6.1.6.3 $Na_4P_2O_7$/BiOBr 光催化剂的制备

取1 g所制备的BiOBr放入小烧杯内，然后加入0.01 mol·L^{-1}的焦磷酸钠溶液29 mL，搅拌1.5 h，然后超声处理10 min，自然沉淀，去除上清液。80 ℃烘干24 h，得到改性后的BiOBr样品，标记为0.3PP-BiOBr。

6.1.6.4 $(BiO)_2CO_3$前驱体和混相Bi_2O_3的制备

$(BiO)_2CO_3$前驱体的制备：取0.97 g五水合硝酸铋$Bi(NO_3)_3·5H_2O$加入10 mL硝酸(1 mol·L^{-1})中，超声搅拌以形成澄清透明溶液，再加入0.13 g一水合柠檬酸($C_6H_8O_7·H_2O$)，充分搅拌(10 min)溶解后，用2 mol·L^{-1} NaOH溶液调节pH值至4.0。最后，将30 mL混合液体倒入水热反应釜中180 ℃水热反应24 h。冷却至室温后，用去离子水和乙醇对白色产物进行反复离心、洗涤，在60 ℃真空干燥箱中烘干5 h后，得到白色的$(BiO)_2CO_3$。

β-Bi_2O_3的制备：将$(BiO)_2CO_3$前驱体在空气中400 ℃煅烧2 h，获得β-Bi_2O_3样品，命名为BO400。

混相Bi_2O_3的制备：将已制得的$(BiO)_2CO_3$放入马弗炉中，440 ℃煅烧2 h，即得到α/β晶相混合的Bi_2O_3样品，命名为BO440。

6.1.6.5 $BiPO_4$/β-Bi_2O_3复合体的制备

将1.00 g $(BiO)_2CO_3$前驱体加入20 mL的$Na_4P_2O_7$溶液(0.15 mol·L^{-1})中，经过60 ℃水浴搅拌2 h，然后用去离子水和无水乙醇对样品进行多次洗涤，真空干燥后，在空气中400 ℃煅烧2 h得到$BiPO_4$/β-Bi_2O_3复合体样品，命名为0.5BP-BO。

6.1.6.6 纳米 SnO_2 的制备

称取 2.00 g $SnCl_4 \cdot 5H_2O$,加入去离子水中形成白色悬浊液,边充分搅拌边逐滴加入 NaOH 直至溶液 pH 值为 12.0,此过程中,白色悬浊液逐渐变为澄清透明。随后将 60 mL 该溶液转移至水热反应釜中,200 ℃下进行 12 h 的水热反应。冷却到室温后,将产物离心,再用去离子水和乙醇反复洗涤,在 60 ℃下真空干燥,再在 450 ℃下煅烧 2 h,得到纳米 SnO_2。

6.1.6.7 SnO_2/混相 Bi_2O_3 复合体的制备

将 25 mL 无水乙醇水溶液(4 ∶ 1)置于烧杯中,依次加入 1.00 g BO440 样品和 0.50 g 纳米 SnO_2,搅拌 1 h,在 80 ℃水浴搅拌条件下蒸干,研磨,在 350 ℃下煅烧 1 h 得到 SnO_2/混相 Bi_2O_3 复合体样品,命名为 0.5S-BO440。

6.1.6.8 磷氧桥联 SnO_2/混相 Bi_2O_3 复合体的制备

将 0.05 g 纳米 SnO_2 加入 12.5 mL 0.01 mol · L^{-1} 的 NaH_2PO_4 溶液中,搅拌 1 h 后,再在 80 ℃水浴搅拌条件下蒸干,经过研磨后在 350 ℃下煅烧 0.5 h,所得样品命名为 1.5P-S。再将 0.05 g 的 1.5P-S 加入含 1.00 g BO440、20 mL 水的分散体系中,搅拌 1 h,在 80 ℃下烘干,研磨,在 350 ℃ 下煅烧 0.5 h,得到磷氧桥联 SnO_2/混相 Bi_2O_3 复合体样品,所得样品命名为 5S-1.5P-BO440。

6.2 结果与讨论

6.2.1 磷酸修饰促进氧吸附对降解氯酚性能及机制的影响

磷酸作为三元无机酸,可以通过多羟基结构稳定地修饰在半导体光催化剂表面。磷酸修饰被认为是一种有效提高催化剂表面氧吸附能力的方法。

为了研究磷酸修饰促进氧吸附对降解氯酚性能和机制的影响,我们合成了磷酸修饰的 0.5P-BiOBr 光催化剂。图 6-4 为 BiOBr 和 0.5P-BiOBr 的结构表征。从图 6-4(a)~(c)所示的扫描电子显微镜图和紫外-可见漫反射光谱中可以看出，磷酸修饰在 BiOBr 的表面，并未改变 BiOBr 的形貌和能带结构。图 6-4(d)的红外光谱图中，波数为 1 020 cm^{-1} 的峰为 O—P—O 的特征振动峰，可以看出磷酸被成功地修饰在 BiOBr 的表面。

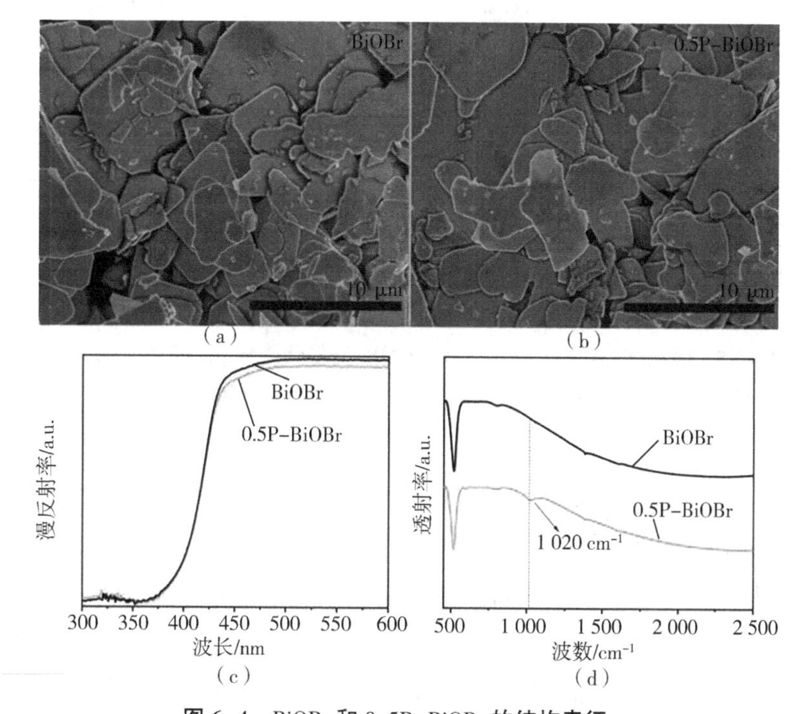

图 6-4　BiOBr 和 0.5P-BiOBr 的结构表征

(a)BiOBr 的扫描电子显微镜图；(b)0.5P-BiOBr 的扫描电子显微镜图；(c)紫外-可见漫反射光谱；(d)红外光谱

为了验证磷酸修饰促进氧吸附对 BiOBr 降解 2,4-二氯苯酚性能的影响，我们测试了 0.5P-BiOBr 样品在紫外-可见光下降解 2,4-二氯苯酚的活性。从图 6-5(a)中可以看出，磷酸修饰后的 BiOBr 样品表现出更好的光催化活性，降解率提升了 50%。羟基自由基能反映出半导体材料光生电荷的分离情况，即光生载流子分离效率越高，其羟基自由基的产量越多。为了探究降解活性提高与电荷分离之间的关系，我们采用荧光光谱测试 0.5P-BiOBr 样品催化过程中的羟基自由基含量，如图 6-5(b)所示。羟基自由基含量变化规律与光催化降解活性规律是一致的，证明磷酸修饰后的样品活性的提高主要受电荷分离的影响，推测其电荷分离能力的提高可能是由该样品表面吸附氧气能力提高导致的。

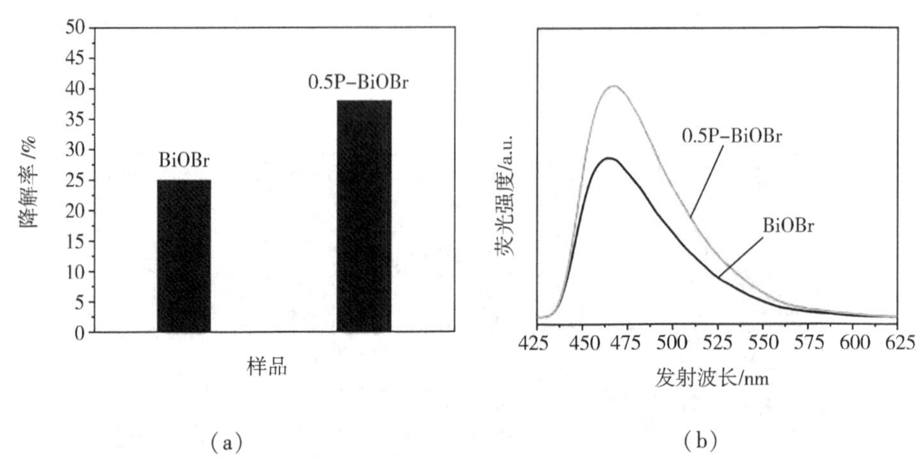

(a) (b)

图 6-5 磷酸修饰对 BiOBr 和 0. 5P-BiOBr 光催化降解 2,4-二氯苯酚的影响

(a)降解率;(b)羟基自由基荧光光谱

为了验证磷酸的修饰是通过促进氧吸附来提高 BiOBr 光催化性能的,我们对磷酸修饰前后的样品进行了氧气程序升温脱附测试。从图 6-6(a)中可以看出,磷酸修饰后的样品氧气脱附信号明显增强,说明样品的氧气吸附能力得到提升,磷酸修饰的确可以有效促进 BiOBr 的表面氧吸附。表面光电压测试结果如图 6-6(b)所示。由图可见,0. 5P-BiOBr 样品的光伏信号显著增强,说明光催化剂的电荷分离效率得到提高,这可能是由于催化剂表面吸附了更多的氧,从而能更加有效地捕获电子,促进氧活化,提高光生电荷分离效率,同样证明磷酸修饰能促进氧吸附,促进光生电子活化氧的半反应,继而促进电荷分离,提高光催化降解 2,4-二氯苯酚的活性。

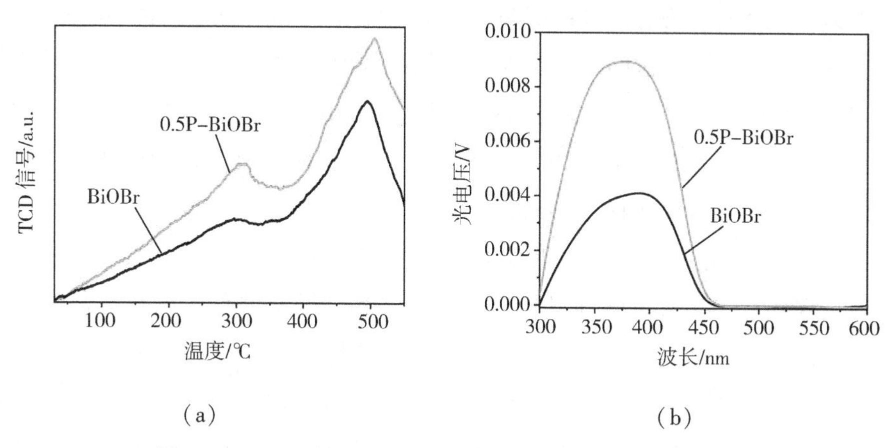

(a)　　　　(b)

图6-6　BiOBr 和 0.5P-BiOBr 的氧吸附与电荷分离性能

(a)氧气程序升温脱附曲线;(b)表面光电压谱

综上所述,我们提出了磷酸修饰促进 BiOBr 表面氧吸附进而提高电荷分离效率的机制。如图6-7所示,磷酸分子以多羟基锚定在 BiOBr 的表面,有效地增加了 BiOBr 光催化剂表面的吸附氧。吸附氧捕获电光生电子,继而被活化,生成了超氧自由基离子,一方面有效地提高了光生电荷的分离效率,另一方面形成了光催化反应的活性物种,使得磷酸修饰的 BiOBr 样品光催化降解2,4-二氯苯酚的活性得到提升。

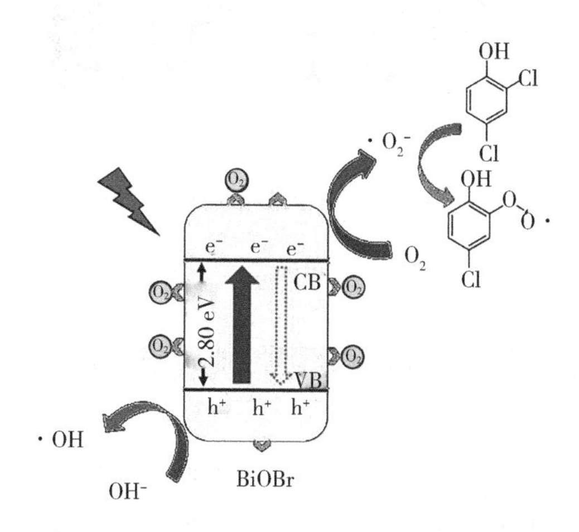

图6-7　磷酸修饰促进氧吸附的电荷分离机制图

为了探究磷酸修饰促进氧吸附对光催化降解2,4-二氯苯酚机制的影响,我们进行了自由基捕获试验。通常在光催化降解反应过程中,主要的降解活性物种有羟基自由基、空穴和超氧自由基离子。采用异丙醇、乙二胺四乙酸二钠和苯醌分别作为羟基自由基、空穴和超氧自由基离子的捕获剂来验证在反应过程中起主要作用的活性物种,结果如图6-8所示。可以看出在反应过程中当加入异丙醇、乙二胺四乙酸二钠时,BiOBr和0.5P-BiOBr样品对2,4-二氯苯酚的降解率只有非常微弱的降低,而加入苯醌时,降解率明显降低。这表明超氧自由基离子是进攻2,4-二氯苯酚实现降解的主要活性物种,同时也表明增加氧吸附是基于电子调控的策略,催化剂表面吸附的氧气可有效地捕获电子,氧活化转变成的超氧自由基离子促进电荷分离的同时,作为活性物种对2,4-二氯苯酚分子进攻,继而发生降解反应,提高光催化剂的降解活性。

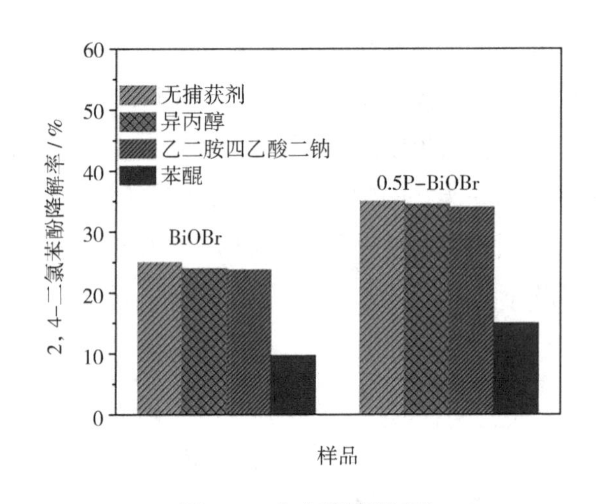

图6-8 自由基捕获试验

6.2.2 引入高能级平台对降解氯酚性能及机制的影响

与TiO_2类似,广泛报道的$BiPO_4$具有良好的导带位置(0.16 eV),可以作为高能级平台引入半导体光催化剂表面,与催化剂复合,实现对高能级平台电子的有效利用。鉴于BiOBr的导带位置略低,在一定程度上不利于光生电子活化氧气,我们在BiOBr纳米片上通过表面原位转化过程沉积纳米晶体$BiPO_4$来构建异质结纳米复合材料(0.3PP-BiOBr),研究 $BiPO_4$ 平台的引入对 BiOBr 光催化活性、电荷分离降解机制的影响。

通过透射电子显微镜图[图 6-9(a)]和高分辨透射电子显微镜图[图 6-9(b)]可以看到,$BiPO_4$ 成功地复合到 BiOBr 表面,0.212 nm 的晶格条纹对应的是 $BiPO_4$ 的(211)晶面,说明 $BiPO_4$ 均匀地生长在 BiOBr 的表面,并实现了有效连接。

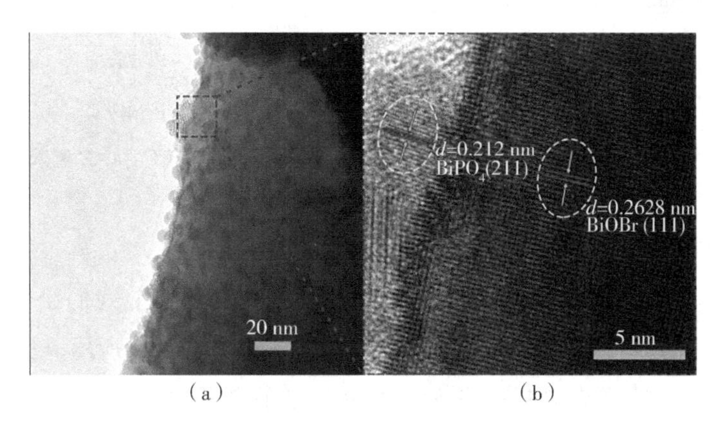

图 6-9　0.3PP-BiOBr 的微观形貌

(a)透射电子显微镜图;(b)高分辨透射电子显微镜图

为了考察引入高能级平台策略对 BiOBr 降解 2,4-二氯苯酚性能和机制的影响,我们比较了 BiOBr 和 0.3PP-BiOBr 样品在紫外-可见光下催化降解 2,4-二氯苯酚的活性。从图 6-10(a)中可以看出,0.3PP-BiOBr 样品表现出更高的光催化降解活性,降解率可以达到纯 BiOBr 的 2 倍。同时通过荧光光谱考察了 BiOBr 和 0.3PP-BiOBr 羟基自由基含量,以体现材料光催化过程中电荷分离的情况。从图 6-10(b)中可以看出,0.3PP-BiOBr 样品羟基自由基荧光信号显著增强,揭示出其电荷分离性能得到明显的改善,与降解 2,4-二氯苯酚的结果一致,说明 $BiPO_4$ 平台引入后电荷分离增强,进而提高了光催化降解活性。

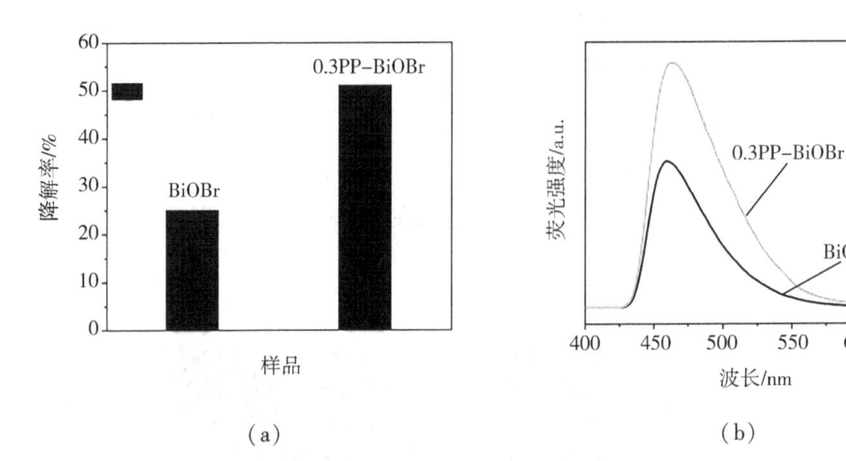

图 6-10　引入高能级平台对 BiOBr 和 0.3PP-BiOBr 光催化降解 2,4-二氯苯酚的影响

(a)降解率;(b)羟基自由基荧光光谱

为了探究引入 $BiPO_4$ 平台促进 BiOBr 电荷分离的原因,我们绘制了 BiOBr 和 0.3PP-BiOBr 样品氧气程序升温脱附曲线,如图 6-11(a)所示。从图中可以看出,引入 $BiPO_4$ 平台前后催化剂表面氧气的脱附信号并没有发生明显的改变,说明 $BiPO_4$ 平台并没有影响催化剂表面的氧吸附。为了考察电荷分离效率提高的原因,我们绘制了不同气氛中的稳态表面光电压曲线[图 6-11(a)插图]。从图中可以发现,0.3PP-BiOBr 在氮气气氛中仍存在电荷转移。由于在氮气气氛中,氧气对电子的捕获作用可忽略不计,此外对于纳米材料,其能带弯曲造成的信号差异也可忽略不计,因此电荷转移发生在 BiOBr 催化剂和 $BiPO_4$ 平台之间。单波长羟基自由基含量荧光光谱如图 6-11(b)所示。可以看出,激发波长为 365 nm 时,羟基自由基含量明显增加,推测是由于 BiOBr 的高能级电子向 $BiPO_4$ 发生转移。

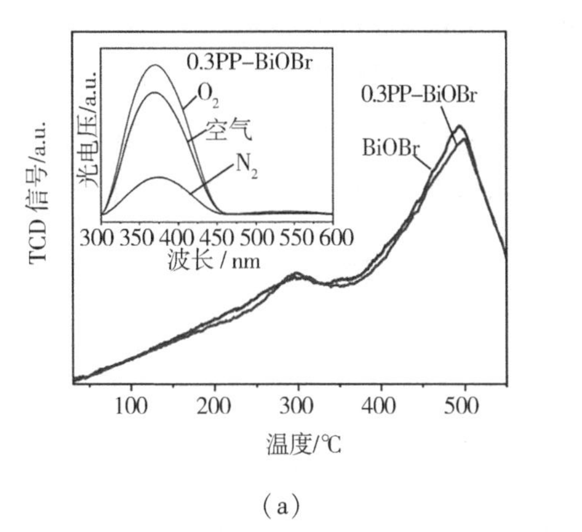

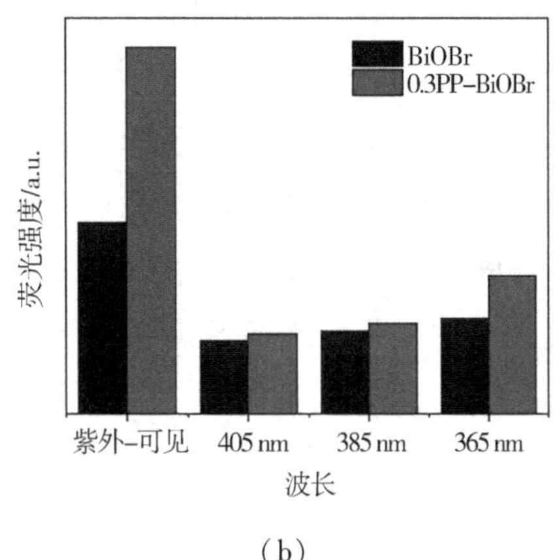

(a)　　　　　　　　　　　　(b)

图 6-11　BiOBr 和 0.3PP-BiOBr 的氧气吸附与电荷分离性能

(a) BiOBr 和 0.3PP-BiOBr 的氧气程序升温脱附曲线,插图为不同气氛中的稳态表面光电压曲线;(b)单波长羟基自由基含量荧光光谱

由此我们根据材料的能级特点绘制了引入平台策略的电荷转移与分离机制图,如图 6-12 所示。可见,BiOBr 的高能级电子跃迁到高能级平台后被有效转移,延长电荷寿命的同时维持了电子的还原势能,进而实现了对催化剂表面的氧气的有效活化,形成了降解污染物的活性物种超氧自由基离子,进而引发氯酚降解的过程。

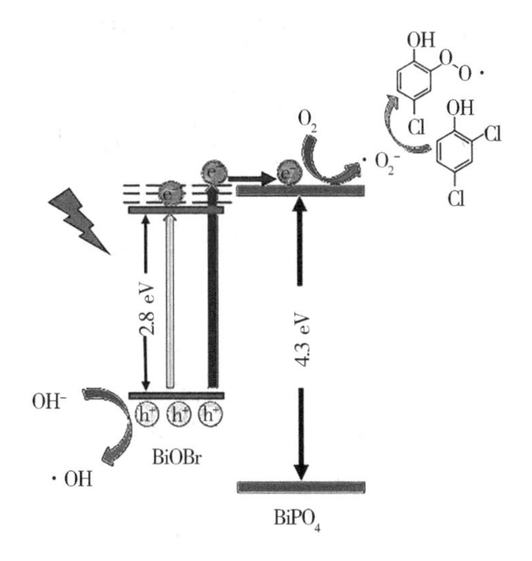

图 6-12　平台引入策略的电荷转移与分离机制图

为了验证此过程中的推测是否合理,我们又做了自由基捕获试验,结果如图 6-13 所示。图中显示,在降解 2,4-二氯苯酚的过程中,超氧自由基离子确实作为主要的活性物种引发降解过程。基于以上分析,说明平台引入策略是通过高能级平台接收转移被激发的高能级电子,维持其热力学还原势能,促进电荷分离,有效活化氧气并生成降解污染物的活性物种超氧自由基离子,有效进攻 2,4-二氯苯酚,进而提高光催化降解活性。

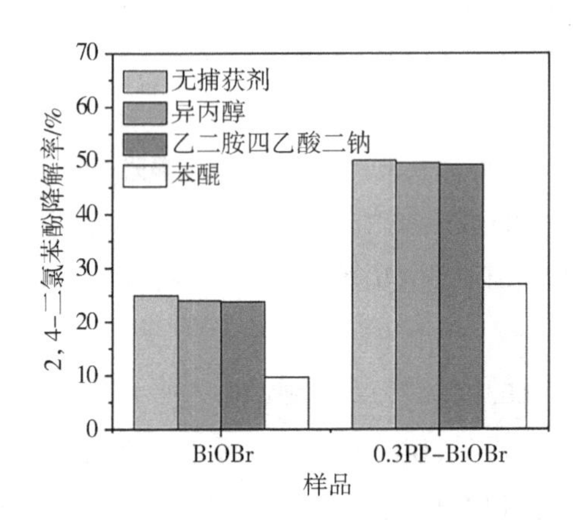

图 6-13　自由基捕获试验

为了进一步探究有机污染物降解机制,我们采用三重四级杆串联质谱法对降解 2,4-二氯苯酚的中间产物进行分析,降解的路线图如图 6-14 所示。中间产物的提取质量色谱图如图 6-15 所示,插图为对应产物的子离子扫描图,横坐标为产物质荷比(m/z),纵坐标为中间产物的丰度。基于负离子扫描条件,中间产物的准分子离子碎片峰为$[M-1]^+$,所有质荷比与其分子量相差 1。

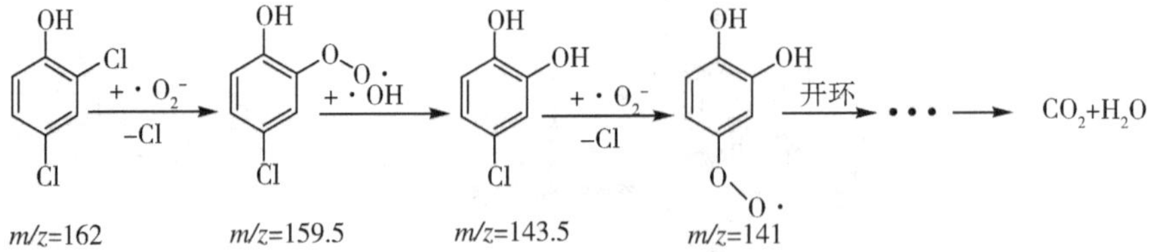

m/z=162 $\xrightarrow[-Cl]{+\cdot O_2^-}$ m/z=159.5 $\xrightarrow{+\cdot OH}$ m/z=143.5 $\xrightarrow[-Cl]{+\cdot O_2^-}$ m/z=141 $\xrightarrow{开环}$ $\cdots \longrightarrow CO_2+H_2O$

图 6-14　2,4-二氯苯酚降解路线图

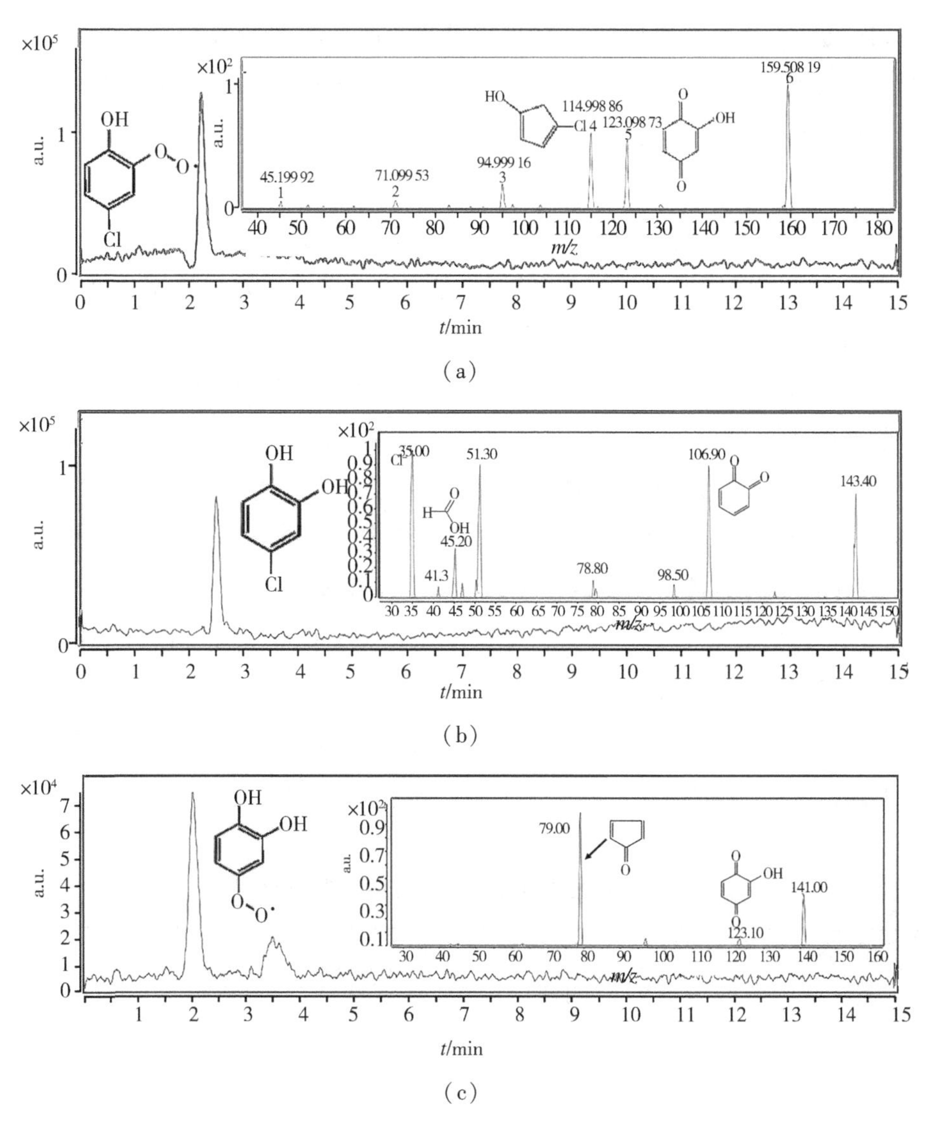

图 6-15　0.3PP-BiOBr 降解 2,4-二氯苯酚的中间产物的提取质量色谱图

(插图为子离子扫描图)

从图 6-14 中可以看出,第一步,由于 2,4-二氯苯酚邻位的氯有更好的活性位点,超氧自由基离子首先进攻邻位,在脱去邻位的氯的同时,超氧自由基离子连接在苯环上,形成 m/z 为 159.5 的中间产物。图 6-15(a)插图的子离子扫描图可以验证 $m/z=159.5$ 中间产物的结构。从该插图中可以分析出,$m/z=159.5$ 的母离子在轰击下碎裂,失去了一个 $m/z=36$ 的 HCl 中性粒子,超氧自由基离子上的一个氧游离到对位,形成2-羟基-1,4-苯醌($m/z=123$)子离子;同时还可以失去一个$m/z=44$的CO_2中性粒子,$m/z=159.5$邻位的超氧自由基离子与相邻的碳一同失去,生成4-氯环五烯-1,3-二烯-1-醇($m/z=115$)子离子。

2,4-二氯苯酚在脱去第一个氯之后,转变成4-氯邻苯二酚($m/z=143.5$)的中间产物,其结构可以通过子离子扫描图6-15(b)所示进行推测,$m/z=143.5$的母离子在碎裂的过程中同样失去一个$m/z=36$的HCl中性粒子,形成邻位苯醌($m/z=107$)子离子;$m/z=45$和$m/z=35$对应的是甲酸和氯离子的子离子碎片峰。

第二步,超氧自由基离子再次进攻苯环上对位的氯,同样连接在苯环上,形成$m/z=141$(1,2-苯二酚超氧自由基)中间产物,其结构由图6-15(c)插图中的二级碎片可以推测出。$m/z=141$的母离子在碎裂过程中失去一个中性水分子($m/z=18$),形成$m/z=123$的子离子,再失去一个CO_2中性粒子形成$m/z=79$的子离子。经过两步关键的脱氯过程之后,苯环打开生成若干($m/z=125$,$m/z=115$,$m/z=89$)的小分子化合物(所有中间产物的信息见表6-1),直至完全矿化。

表6-1 高效液相色谱-质谱法鉴别的中间产物

保留时间/min	精确质量(m/z)	峰值强度/10^3 cps	碎片结构	分子式	代码
2.0	159.5	1.3×10^5	OH, O-O·, Cl	$C_6H_4O_3Cl$	A
2.3	143.5	0.8×10^5	OH, OH, Cl	$C_6H_5O_2Cl$	B
1.7	141	73×10^5	OH, OH, O-O·	$C_6H_5O_4$	C

续表

保留时间/min	精确质量（m/z）	峰值强度/10^3 cps	碎片结构	分子式	代码
3.0	125	70×10^5	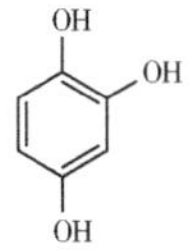	$C_6H_6O_3$	D
3.6	115	3.0×10^5	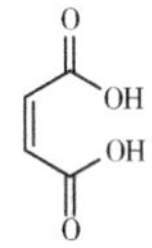	$C_4H_4O_4$	E
2.5	89	2.3×10^5	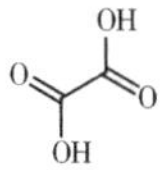	$C_2H_2O_4$	F

为了进一步确定在超氧自由基的进攻下，2，4–二氯苯酚降解过程中的关键步骤，还分析了不同反应时间的中间产物的质谱碎片强度变化，并利用离子色谱技术测定了氯离子浓度。从图 6–16（a）中可以看出，m/z 为 159.5 的中间产物先增加，然后保持稳定，最后减至极少，说明超氧自由基离子最开始进攻 2，4–二氯苯酚的反应很强，速率很快，形成大量的对氯苯酚超氧负离子；之后转变成 $m/z=143.5$ 的 4–氯邻苯二酚的速度变慢，以至于 $m/z=159.5$ 峰值的强度会保持稳定，需要持续光照至最后降解完全。此外，m/z 值为 141 的 1，2–苯二酚超氧自由基的峰值强度随着辐照时间的增加，首先缓慢增大，再快速增大，直至减到极少，说明刚开始 1，2–苯二酚超氧自由基增加得比较缓慢是因为 4–氯邻苯二酚的含量比较低，超氧自由基离子进攻无法生成更多的 $m/z=141$ 的产物，随着光催化反应的进行，4–氯邻苯二酚（$m/z=143.5$）的含量持续增加，$m/z=141$ 的产物才开始快速增加，同时还说明其降解为 1，2，4–苯三酚（$m/z=125$，表 6–1 中代码 D）具有一定的难度，甚至比 1，2–苯二酚超氧自由基降解为 4–氯邻苯二酚更困难。这是因为在 1，2–苯二酚超氧自由基转化为酚羟基的过程中，苯环周围酚羟基存在空间位阻作用。对于顺丁烯二酸（$m/z=115$），从图中可以看出，其强度 1.5 h 之前一直处于增加趋势，表明由于其结构的稳定性和其两个羟基的阻滞作用，顺丁烯二酸较难被进一步降解。2.5 h 后，中间产物完全转化为无机物质，如二氧化碳和水。所以，在超氧自由基离子作为活性物种降解 2，4–二

氯苯酚的过程中,关键步骤是脱氯以后产物的进一步转化,实现超氧自由基离子的迅速转化会更有效地提高催化性能。

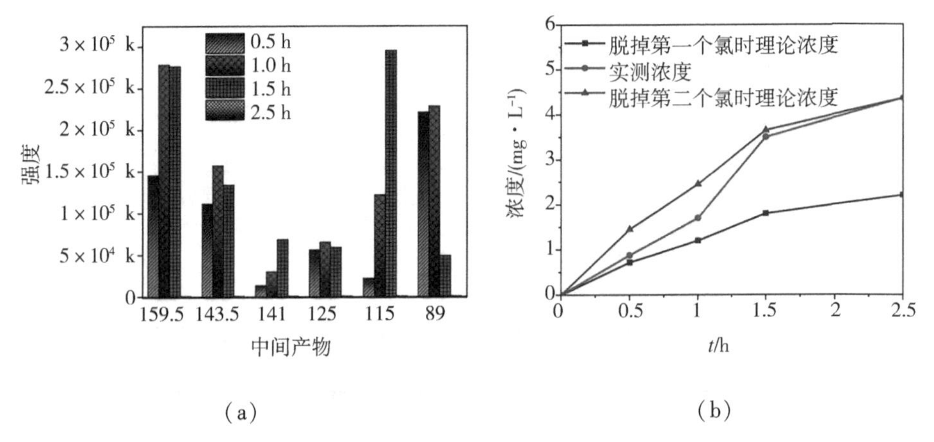

图 6-16　0.3PP-BiOBr 降解 2,4-二氯苯酚不同反应时间的中间产物

(a)质谱碎片强度;(b)氯离子浓度(0~2.5 h)

0.3PP-BiOBr 光催化剂在不同反应时间的脱氯量情况如图 6-16(b)所示。当光照 0.5 h 时,氯酚的降解率为 33.3%,测得此时溶液中氯离子浓度为 0.88 $mg \cdot L^{-1}$,与理论值(0.72 $mg \cdot L^{-1}$)相差不大,此时超氧自由基离子脱掉第一个氯;1.5 h 以后检测到氯离子含量越来越接近氯酚脱掉两个氯的理论值含量,说明此时超氧自由基离子在进一步脱去第二个氯。当光照 2.5 h 时,氯酚的降解率接近 100%,此时溶液中氯离子含量与理论值(4.36 $mg \cdot L^{-1}$)完全吻合,说明氯酚上的两个氯完全脱去,同时中间产物离子浓度也都降到很低的水平,说明氯酚实现了很好的矿化。

通过氯酚降解中间产物的分析可以看出,$BiPO_4$ 作为适当能级平台复合在 BiOBr 上,提高了电荷分离效率,提高电子活化氧气的能力,产生大量的超氧自由基离子活性物种,在光催化反应过程中有效地对 2,4-二氯苯酚进行进攻,尤其是氯酚的两步脱氯过程都是在超氧自由基离子进攻的模式下进行的,可以说平台引入策略与降解氯酚污染物的主要活性基团超氧自由基离子有着密切的关联。刘彦铎设计的 SnO_2 平台引入策略很好地提高了 MMS-TiP 的电荷分离,证明了电子向 SnO_2 上转移的过程,同时通过对活性物种的分析及对氯酚降解路线的分析得出,降解氯酚的过程中也存在 $m/z=159.5$ 和 $m/z=141$ 的两种中间产物,说明光催化降解 2,4-二氯苯酚的主要活性物种超氧自由基离子为从 MMS-TiP 到 SnO_2 转移的电子活化氧气所得。

由此证明,平台引入策略与超氧自由基离子活性物种的生成有一定的关联,同时影响着 2,4-二氯苯酚降解的中间产物,具有一定的选择性。

6.2.3　吸附诱导对降解氯酚性能及机制的影响

吸附诱导策略是通过增加光催化剂的吸附效果,致使具有强氧化性能的光生空穴在转变成羟基自由基之前有效地与有机污染物反应,减少转化过程中光生载流子的损失,提高光催化降解活性,同时可以高效降解对羟基自由基或者超氧自由基离子表现出惰性的污染物。吸附诱导策略基于光催化剂较强的吸附性能,通过促进电荷的分离,促进空穴直接氧化进攻降解有机污染物。

6.2.3.1　对邻氯苯酚降解性能及机制的影响

理论上,Bi_2O_3 表面具有空轨道的铋原子和氯酚上具有孤对电子的氯原子具有化学相互作用。因此,氯酚有望通过表面化学相互作用选择性吸附在 Bi_2O_3 表面,进而诱导光生空穴降解。

然而 Bi_2O_3 材料同样存在导带位置偏低的瓶颈问题。为此我们通过原位复合的方式合成 $BiPO_4/\beta-Bi_2O_3$(0.5BP-BO)光催化剂,通过磷酸铋平台引入策略有效提高光生电子分离效率,并维持高能级电子的还原势能,探究 $BiPO_4/\beta-Bi_2O_3$ 光催化剂对邻氯苯酚降解活性和降解机制的影响。

通过图 6-17 可以看出,$BiPO_4$ 已经成功地负载到 $\beta-Bi_2O_3$ 光催化剂上。从高分辨透射电子显微镜图像中可以观察到对应于 $\beta-Bi_2O_3$ 的(110)和(220)晶面的两个晶格条纹,晶面间距分别为 0.55 nm 和 0.27 nm。同时,0.29 nm 的晶面间距为 $BiPO_4$ 的(102)晶面。另外还可以观测到,$BiPO_4$ 纳米颗粒较均匀地分散在 $\beta-Bi_2O_3$ 纳米片的表面上,并且 $BiPO_4$ 和 $\beta-Bi_2O_3$ 的界面连接比较紧密。

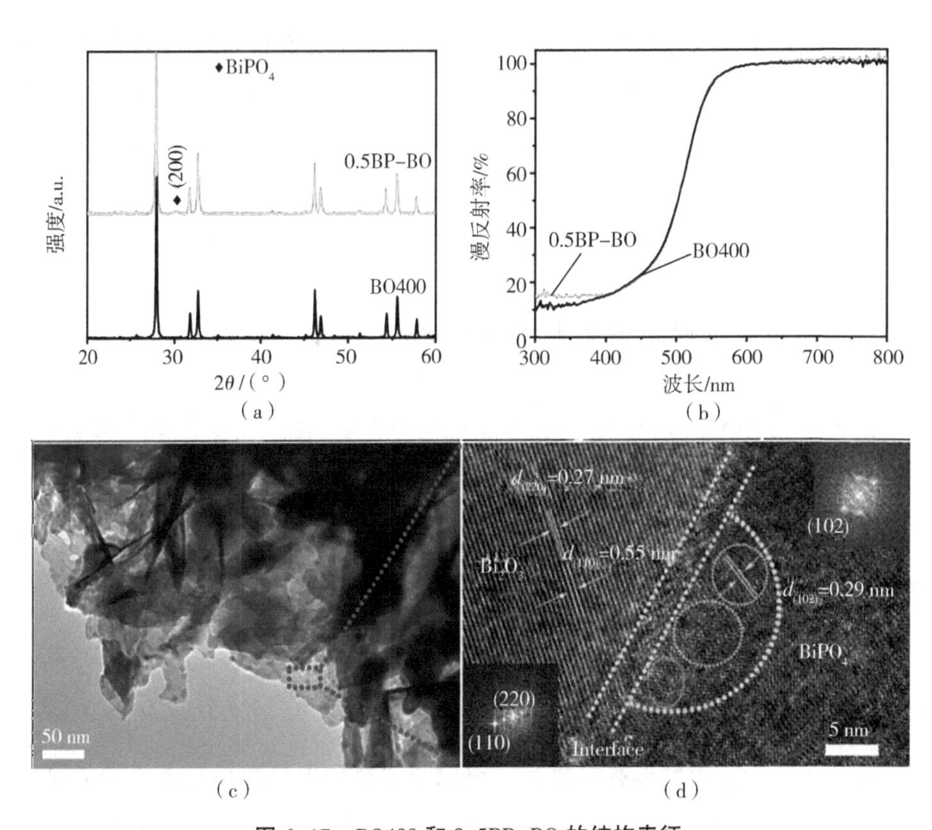

图 6-17　BO400 和 0.5BP-BO 的结构表征

(a)X 射线衍射谱;(b)紫外-可见漫反射光谱;(c)透射电子显微镜图像;

(d)高分辨透射电子显微镜图像

接下来我们考察了 $BiPO_4/\beta-Bi_2O_3$ 对邻氯苯酚的吸附性能和降解活性的影响。从图 6-18 中可以看出,BO400 和 0.5BP-BO 样品对邻氯苯酚都有很好的吸附性能,可达 20%以上,说明邻氯苯酚有效地吸附在光催化剂的表面。光催化 30 min 时 0.5BP-BO 样品具有较高的降解邻氯苯酚活性,降解率高达 90%,比 BO400 提高 20%左右。这说明 $BiPO_4$ 平台能够提高 $\beta-Bi_2O_3$ 的光催化降解活性。

活性提高是否与电荷得到有效分离有一定的关系,还需要进一步测试来判断。羟基自由基测试和稳态表面光电压谱都可以反映出电荷分离情况。

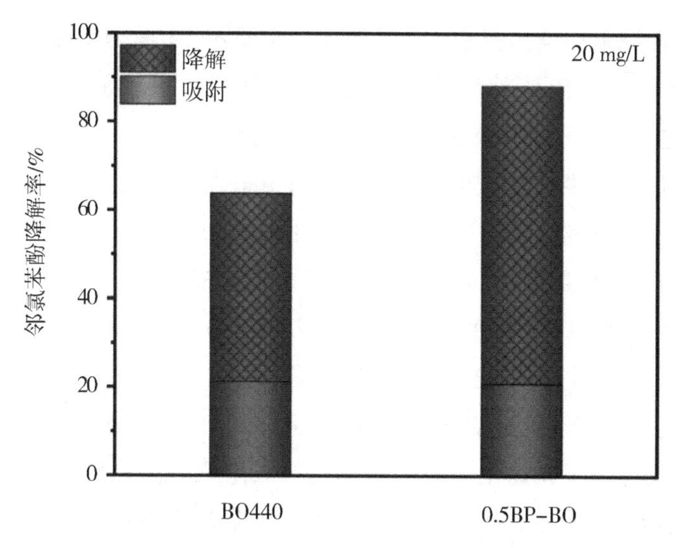

图 6-18　BO400 和 0.5BP-BO 在 30 min 时对邻氯苯酚(20 mg · L^{-1})的吸附及光催化降解活性

为了进一步探究 $BiPO_4/\beta-Bi_2O_3$ 复合光催化剂活性提高的机制,利用羟基自由基测试考察样品电荷分离情况。从图 6-19(a)中可以看出,0.5BP-BO 表现出更大的信号强度,可以说明复合 $BiPO_4$ 提高了 $\beta-Bi_2O_3$ 电荷分离效率,与降解邻氯苯酚活性的结果一致。

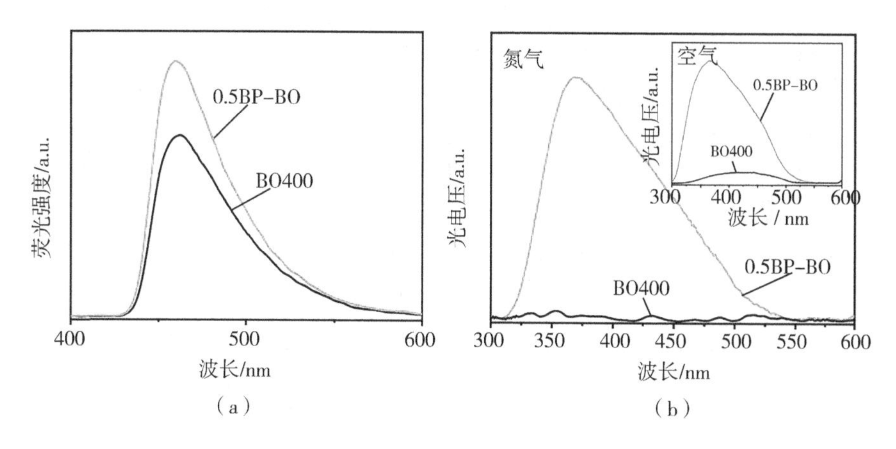

图 6-19　BO400 和 0.5BP-BO 的电荷分离情况

(a)羟基自由基含量荧光光谱;(b)在氮气和空气(插图)中的稳态表面光电压谱

稳态表面光电压谱如图 6-19(b)所示。由图 6-19(b)中的插图可知,在空气中 BO400 样品光伏信号较弱,说明其电荷分离效果较差。当引入适量的 $BiPO_4$ 后 0.5BP-BO 表现出显著增强的信号,说明电荷分离得到有效的促进,与羟基自由基信号结果一致。通过气氛调控的稳态表面光电压谱[图 6-19(b)]可进一步揭示被分离电荷的属性。在氮气中 BO400 样品几乎没有稳态表面光电压信号,而 0.5BP-BO 样品具有明显增强的稳态表面光电压信号。因此证明,0.5BP-BO 样品所产生的信号只可能归属于 0.5BP-BO 样品中 Bi_2O_3 和 $BiPO_4$ 之间的电子转移。通过以上数据推测,β-Bi_2O_3 的高能级电子有效转移到 $BiPO_4$ 上,在空间上促进了电荷分离,维持了 Bi_2O_3 光生电子的还原势能。

进一步又探究了光催化剂对邻氯苯酚的吸附机理。经研究发现,如图 6-20(a)所示,BO400 和 0.5BP-BO 样品在整个吸附过程中都对邻氯苯酚表现出了较高的吸附水平。动力学曲线数据拟合的伪一级和伪二级动力学方程(见表 6-2)显示,伪二级动力学方程的相关系数更接近 1,更加符合吸附行为特征,表明样品对邻氯苯酚的吸附速率和其浓度相关。对吸附等温线曲线[6-20(b)]的分析可见,对邻氯苯酚的吸附更符合朗缪尔单分子层吸附模式,拟合曲线如表 6-3 所示。$BiPO_4$/β-Bi_2O_3 复合体较高的吸附性能有利于诱导空穴直接进攻氧化邻氯苯酚。而单分子层吸附模式也有利于空穴在对邻氯苯酚降解时有效进攻。

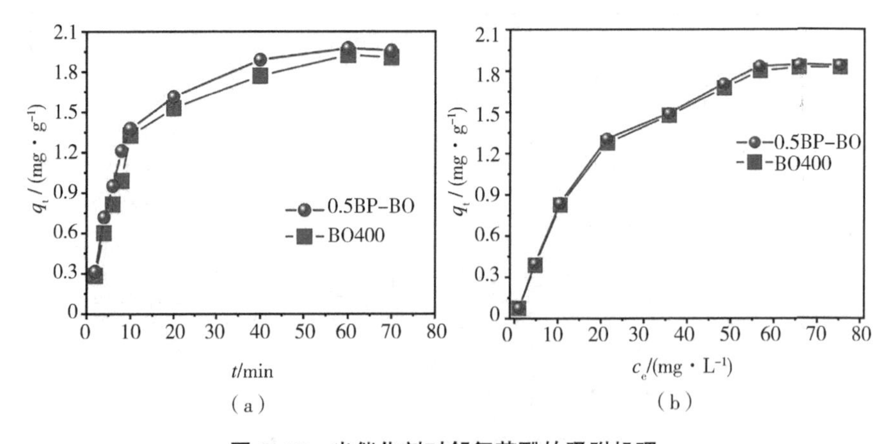

图 6-20 光催化剂对邻氯苯酚的吸附机理

(a)298 K 下吸附动力学曲线;(b)等温吸附曲线

表 6-2　BO400 和 0.5BP-BO 对邻氯苯酚的吸附动力学参数

方程	伪一级动力学方程			伪二级动力学方程		
	$\lg(q_e-q_t)=\lg q_e-\dfrac{k_1}{2.303}t$			$\dfrac{t}{q_t}=\dfrac{1}{K_2q_e^2}+\dfrac{t}{q_e}$		
参数	q_e	K_1	R^2	q_e	K_2	R^2
数值(BO400)	2.003 7	0.043 5	0.956 3	2.223 2	0.044 2	0.994 8
数值(0.5BP-BO)	2.004 6	0.056 7	0.955 9	2.228 7	0.054 9	0.995 2

注:其中 q_e(mg · g^{-1})和 q_t(mg · g^{-1})分别为吸附剂对邻氯苯酚的平衡吸附量和时间为 t(min)时刻的吸附量; K_1(min^{-1})为伪一级动力学方程的速率常数;K_2(g · mg^{-1} · min^{-1})为伪二级动力学方程的速率常数。

表 6-3　BO400 和 0.5BP-BO 对邻氯苯酚的朗缪尔和弗罗因德利希等温吸附模型参数

等温线	朗缪尔			弗罗因德利希		
方程 (298 K)	$q_e=\dfrac{q_mK_Lc_e}{1+K_Lc_e}$			$q_e=K_f\cdot c_e^{1/n}$		
参数	k_L	q_m	R^2	n	K_f	R^2
数值(BO400)	0.010 8	6.337 1	0.998 3	0.728 0	0.102 3	0.944 5
数值(0.5BP-BO)	0.009 3	6.112 5	0.997 6	0.720 9	0.106 9	0.975 2

注: c_e(mg · L^{-1})为吸附剂对邻氯苯酚平衡吸附浓度; q_m(L · mg^{-1})为最大吸附量; K_L(L · mg^{-1})为和吸附能力相关的朗缪尔常数;K_f 为和吸附剂吸附量相关的弗罗因德利希常数;$1/n$ 和吸附强度有关。

通过自由基捕获试验来确认具有较强的表面选择性吸附能力的 BO400 和 0.5BP-BO 样品降解邻氯苯酚的主要活性物种。在光催化降解过程中加入乙二胺四乙酸二钠、异丙醇和苯醌分别捕获空穴、羟基自由基和超氧自由基离子,根据活性下降比率来判断起主要作用的活性物种。从图 6-21 中可以看出,在 BO400 和 0.5BP-BO 样品中分别加入乙二胺四乙酸二钠后,BO400 和 0.5BP-BO 样品光催化活性大幅降低,表明空穴是它们降解邻氯苯酚的主要活性物种。有趣的是,我们采用磷酸铋平台对 β-Bi_2O_3 的电子有效调控,维持热力学还原能力活化氧气,理应产生超氧自由基离子作为活性物种,但是从自由基捕获试验得到的结论是空穴,这可能是由于 Bi 和 Cl 的强吸附作用导致了 β-Bi_2O_3 光催化剂的光生空穴直接进攻污染物,从而诱导空穴作为主要活性物种,引发对邻氯苯酚的降解。

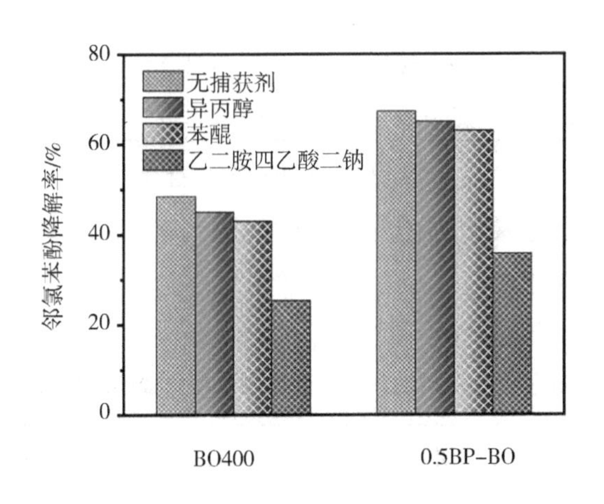

图 6-21　BO400 和 0.5BP-BO 对于邻氯苯酚的自由基捕获试验

综合以上分析,我们提出了 $BiPO_4$/β-Bi_2O_3 复合体的电荷转移与分离机制,如图 6-22 所示。光催化剂本身较高的吸附性诱导具有强氧化性的空穴直接氧化进攻邻氯苯酚,而 $BiPO_4$ 平台有效地促进了 β-Bi_2O_3 电荷分离,为空穴直接进攻降解邻氯苯酚储备更多的动力,促使光催化活性显著提升,说明吸附诱导策略对活性物种具有一定的选择性,而是否影响邻氯苯酚的降解机制,需要进一步分析。

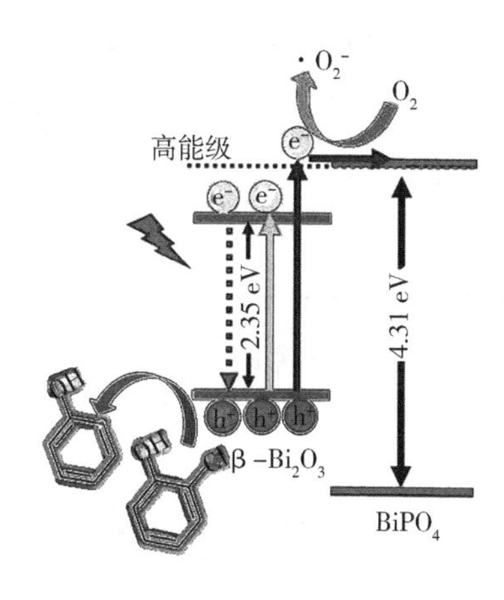

图 6-22　$BiPO_4/\beta-Bi_2O_3$ 复合体光生电荷转移与分离机制图

利用液相色谱串联质谱法结合二级质谱碎片分析，确认了 0.5BP-BO 样品降解邻氯苯酚过程的中间产物，并结合中间产物来揭示光催化降解路线。图 6-23 为 0.5BP-BO 样品光催化降解邻氯苯酚的路线图。

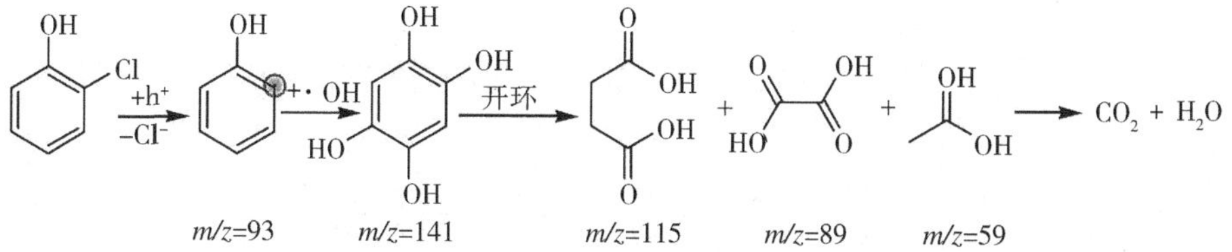

OH, Cl　$\xrightarrow[-Cl^-]{+h^+}$　OH (m/z=93)　$\xrightarrow{+\cdot OH}$　OH, OH, HO, OH (m/z=141)　$\xrightarrow{开环}$　O, OH, OH, O (m/z=115) + O, OH, HO, O (m/z=89) + OH, OH (m/z=59)　→　CO_2 + H_2O

图 6-23　0.5BP-BO 对邻氯苯酚的降解路线图

从图 6-23 中可以发现，活性酚（$m/z=93$）是首先被检测到的中间产物，可以说明邻氯苯酚被空穴直接氧化，芳环上的 C—Cl 键断裂，其结构可通过图 6-24(a) 插图中的子离子扫描碎片推测得到。$m/z=93$ 的母离子在轰击下失去 $m/z=18$ 的中性粒子 H_2O，生成 $m/z=74.8$ 的子离子碎片，继续失去 $m/z=28$ 的中性粒子 CO 生成 $m/z=46.9$ 的子离子。在水溶液中，多余的空穴与水反应生成大量的羟基自由基，不仅进攻活性酚的邻位，还会进攻其对位，从而产生相对不稳定的 1,2,4,5-四羟基苯酚（$m/z=141$），其结构也可通过图 6-24(b) 插图中的子离子扫描图推测得出。母离子经过轰击先后失去一个 $m/z=16$ 的中性 O 粒子和 $m/z=28$ 的 CO 粒子，生成 $m/z=96.9$ 的子离子；$m/z=45.1$ 的子离子为甲酸子离子碎片。随后羟基自由基继续进攻 1,2,4,5-四羟基苯酚,使之开环形成丁烯二酸结构($m/z=115$),最终矿化为 CO_2 和 H_2O。此外,检测到了乙酸($m/z=59$)和乙二酸($m/z=89$)。

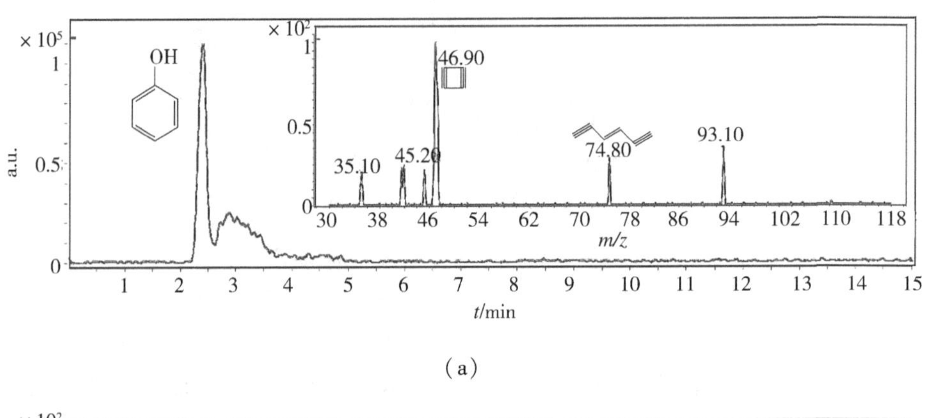

(a)

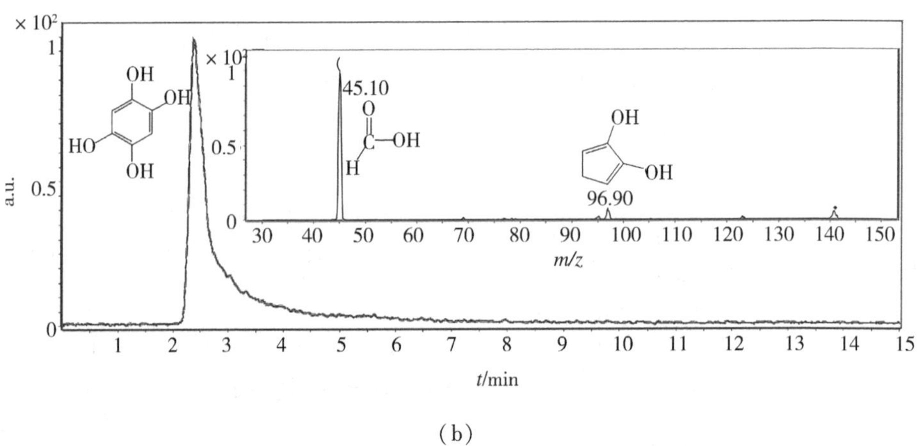

(b)

图 6-24 0.5BP-BO 在 10~60 min 降解邻氯苯酚中间产物的质谱分析

对 0.5BP-BO 光催化降解邻氯苯酚的不同时间段产生的主要中间产物强度进行了分析。如图 6-25 所示,活性酚($m/z=93$)的质谱信号强度较低,可能是由于其化学性质,但是整体呈现的变化趋势是先快速增强,然后保持平稳,最后减弱。在 40 min 时,1,2,4,5-四羟基苯酚含量明显下降,$m/z=93$ 的中间产物还保持增加趋势,说明 $m/z=93$ 的中间产物转变成 $m/z=141$ 的中间产物的过程是个慢反应过程,是速控步骤。在 50 min 后,所有中间产物信号都明显减弱,证明邻氯苯酚被完全降解。中间产物的变化趋势也进一步验证了 0.5BP-BO

降解邻氯苯酚的路径。

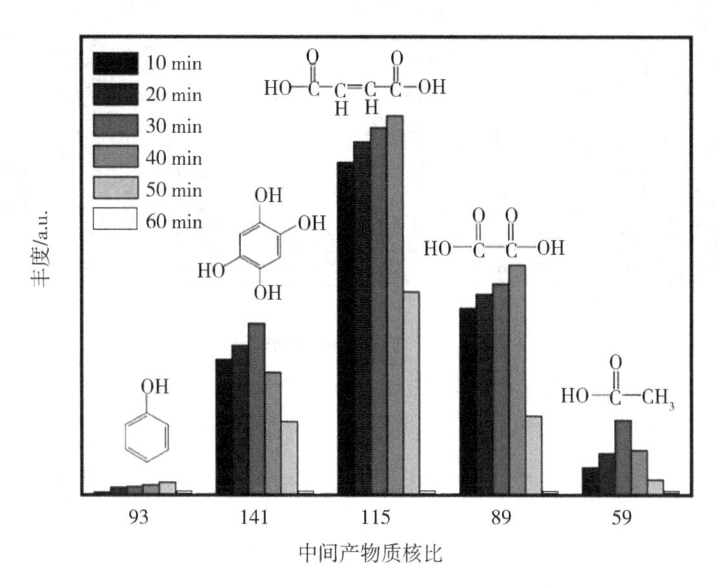

图 6-25　0.5BP-BO 在 10～60 min 紫外-可见光降解邻氯苯酚中间产物的高效液相色谱串联质谱分析

以上数据分析可以说明,吸附诱导策略是基于光催化剂较高的吸附性能和电荷分离效率,诱导具有强氧化性质的光生空穴对有机污染物进行直接进攻降解,增加催化剂的光催化活性。在降解机制上体现出空穴诱导脱氯的特性,调控策略为提高窄带隙半导体光催化活性提供了理论依据,而对于吸附诱导策略是否具有一定的普适性,我们进行了拓展研究。

6.2.3.2　对 2,4-二氯苯酚降解性能及机制的影响

采用 SnO_2 平台,通过磷酸桥联,合成了磷氧桥联 SnO_2/混相 Bi_2O_3 纳米光催化剂(5S-1.5P-BO440),考察其降解 2,4-二氯苯酚的性能和机制。从图 6-26(a)所示的扫描电子显微镜照片中可以观察到,我们成功合成了 5S-1.5P-BO440 纳米复合体。图 6-26(b)所示的 5S-BO440 的高分辨透射电子显微镜照片显示,复合上 SnO_2 基本没有改变混相 Bi_2O_3 的尺寸和形貌,甚至复合磷氧桥联的 SnO_2 后,对混相 Bi_2O_3 的形貌和结构基本无影响。

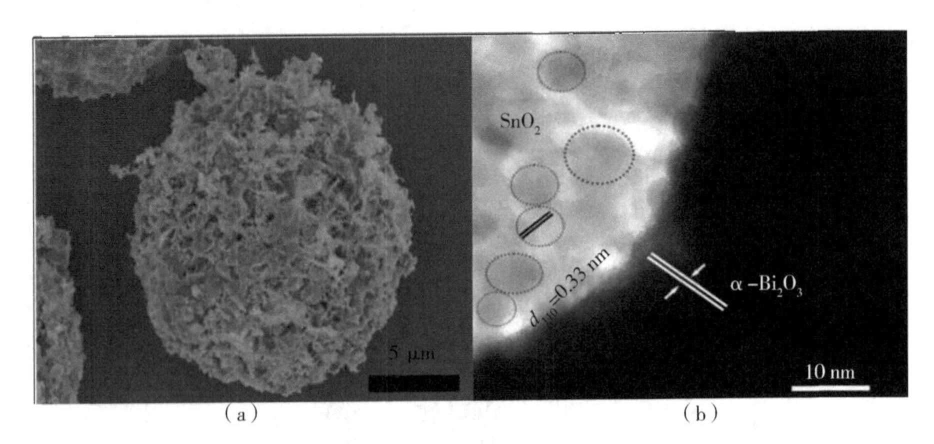

(a) (b)

图 6-26 样品的微观形貌

(a)5S-1.5P-BO440 的扫描电子显微镜照片;(b)5S-BO440 的高分辨透射电子显微镜照片

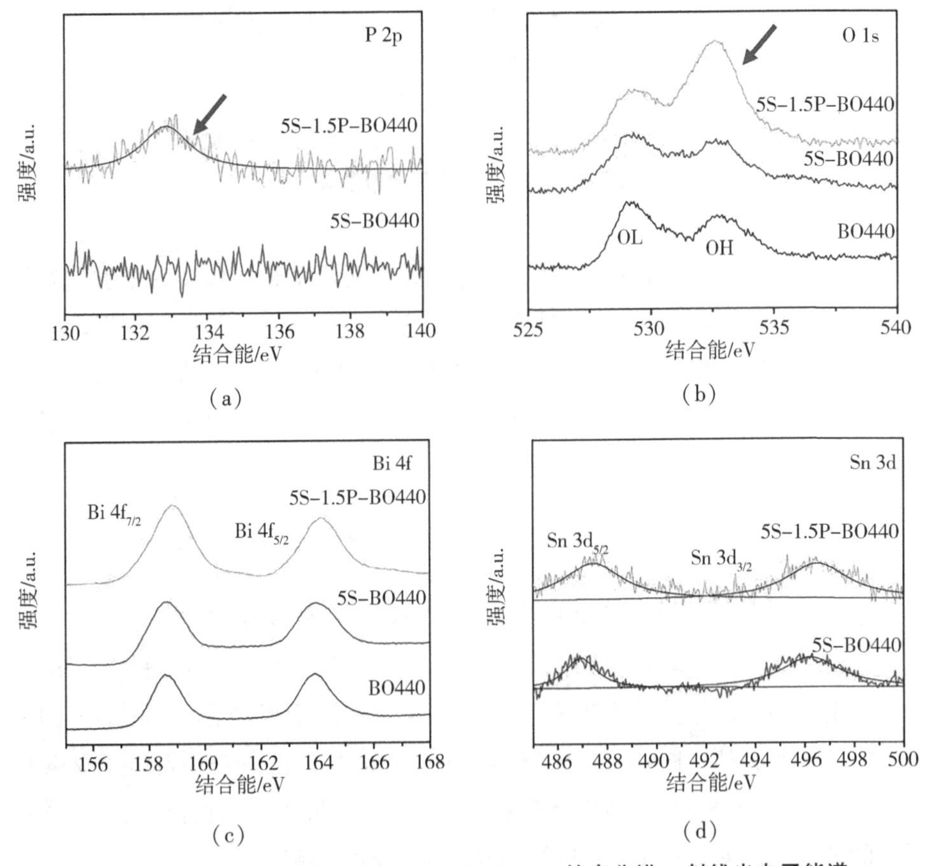

(a) (b) (c) (d)

图 6-27 BO440、5S-BO440 和 5S-1.5P-BO440 的高分辨 X 射线光电子能谱

从 BO440 和 5S-1.5P-BO440 样品的 X 射线光电子能谱测试结果(图 6-27)中可以看出,磷氧基团以多羟基结构的 PO_4^{3-} 的形式存在。从 158.3 eV 和 164.0 eV 对应的 Bi $4f_{7/2}$ 和 Bi $4f_{5/2}$ 的结合能的逐渐移动可以判断出,SnO_2 和 Bi_2O_3 之间发生了电子转移,磷氧桥通过"—O—P—O—"方式形成了更加有效的连接界面,促进了电子转移。

为了探究吸附诱导策略对 2,4-二氯苯酚降解机制的影响,首先测试了 BO440、5S-BO440 和 5S-1.5P-BO440 样品对 2,4-二氯苯酚的光催化活性,如图 6-28(a)所示。从图中可以看出,相比于 BO440,5S-BO440 和 5S-1.5P-BO440 样品均表现出了更高的可见光催化降解 2,4-二氯苯酚活性。吸附性能测试结果如图 6-28(b)所示。可见 3 种 Bi_2O_3 基光催化剂吸附率在 25%左右,并有微弱的提升,说明 Bi_2O_3 基光催化剂对 2,4-二氯苯酚有较强的吸附性能。这可能是由于铋原子的空轨道与氯原子的孤对电子易形成配位作用,促进 2,4-二氯苯酚的表面吸附,这是实现吸附诱导策略的基本条件。

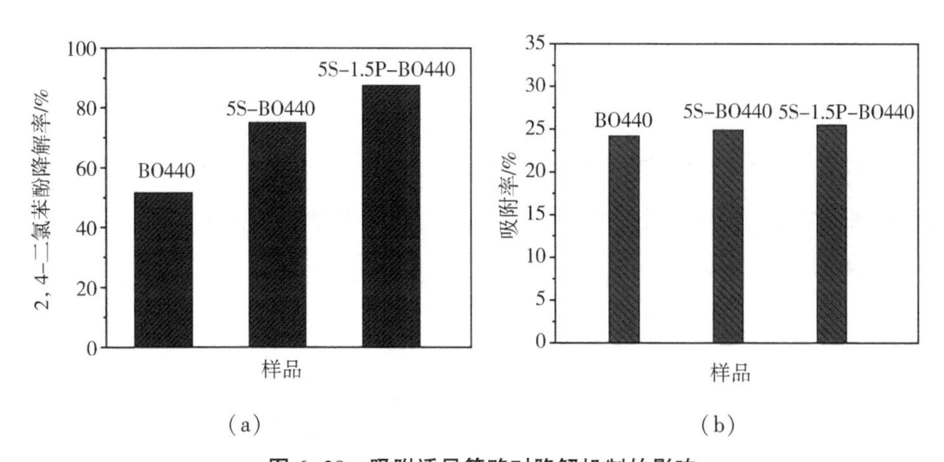

图 6-28　吸附诱导策略对降解机制的影响

(a)BO440、5S-BO440 和 5S-1.5P-BO440 的可见光催化降解 2,4-二氯苯酚活性;

(b)3 种催化剂对 2,4-二氯苯酚的吸附率

光催化降解污染物过程中,电荷分离效率是吸附诱导策略的动力学因素。SnO_2 平台和磷氧桥联对电荷分离的影响如图 6-29 所示。由羟基自由基测试结果[图 6-29(a)]可以看出,3 种样品羟基自由基荧光峰逐渐升高,表明其电荷分离能力逐渐增强,5S-1.5P-BO440 样品荧光峰最高。稳态表面光电压测

试结果[图 6-29(b)]说明,磷氧桥联更好地改善了混相 Bi_2O_3 的电荷分离能力,在动力学上提供了吸附诱导策略,促进降解 2,4-二氯苯酚。

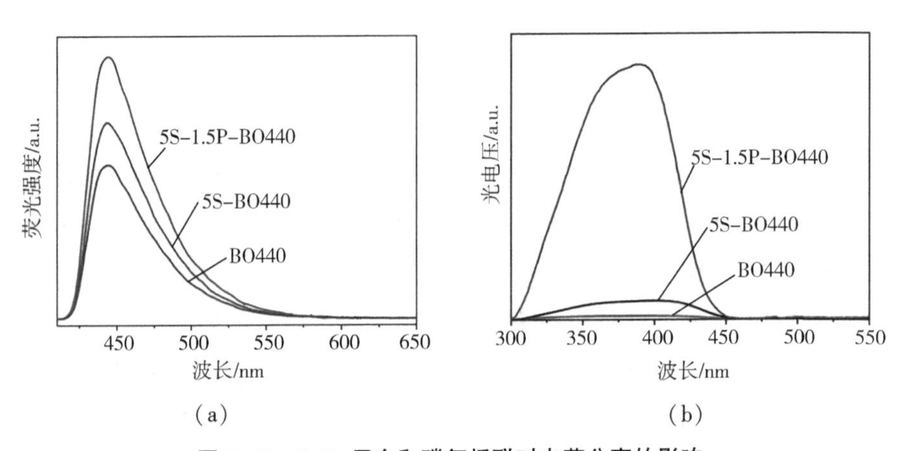

图 6-29 SnO_2 平台和磷氧桥联对电荷分离的影响

(a)BO440、5S-BO440 和 5S-1.5P-BO440 的羟基自由基含量荧光光谱;

(b)稳态表面光电压谱

我们又做了自由基捕获试验。通过图 6-30 可以看出,作为空穴捕获剂的乙二胺四乙酸二钠加入后明显抑制了 BO440、5S-BO440 和 5S-1.5P-BO440 样品的光催化活性,说明光生空穴是降解 2,4-二氯苯酚的主要活性物种。

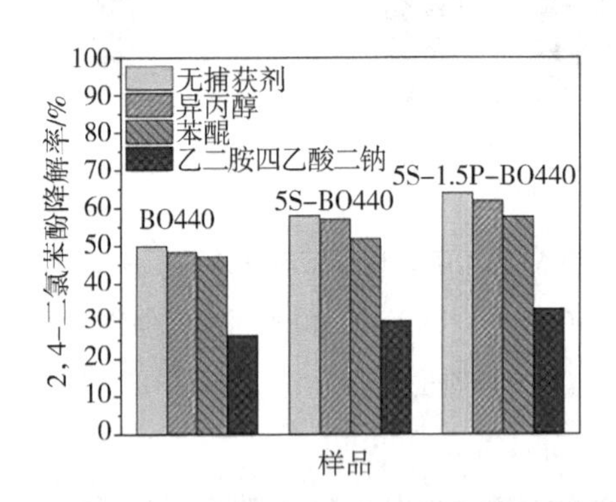

图 6-30 不同样品在 0.5 h 内降解 2,4-二氯苯酚的自由基捕获试验

这可能是因为 Bi_2O_3 基光催化剂较强的吸附性能使得 2,4-二氯苯酚吸附在催化剂表面,诱导光生空穴在转变成羟基自由基之前直接进攻氧化有机污染物。

图 6-31 为吸附诱导策略的电荷转移与分离机制图。混相的 Bi_2O_3 光催化产生的光生电子通过磷氧桥联转移到 SnO_2 的高能级平台上，提高了电荷分离效率。在平台引入策略中我们讨论过，高能级平台上的电子能够活化氧气，使之转变成超氧自由基离子作为污染物降解的活性物种，但是在 Bi_2O_3 基光催化体系中活性物种为空穴，主要原因是催化剂较强的吸附性能导致空穴可以第一时间对 2,4-二氯苯酚直接进攻，而 SnO_2 平台和磷氧桥联则通过调控电子有效促进了电荷分离，增强了诱导空穴进攻模式，进一步提高了光催化降解的活性。

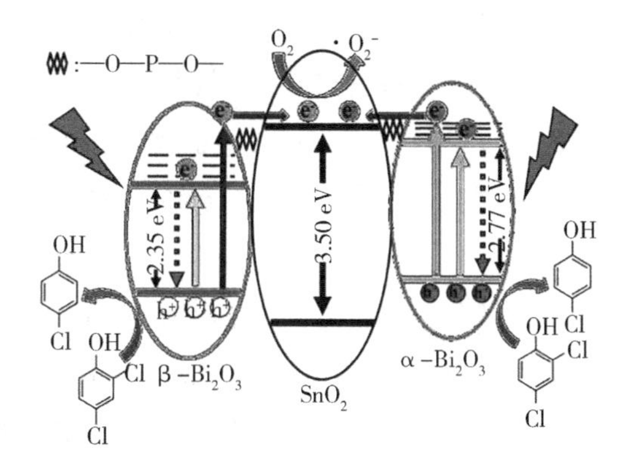

图 6-31　电荷转移与分离机制图

为了探究吸附诱导空穴作为活性物种的策略对降解 2,4-二氯苯酚路径的影响，我们采用三重四级杆串联质谱法对空穴直接进攻 2,4-二氯苯酚降解过程的中间产物进行分析，降解的路线图如图 6-32 所示，中间产物的提取质量色谱图如图 6-33 所示，插图为对应产物的子离子扫描图，横坐标为产物质荷比，基于负离子扫描模式，中间产物的准分子离子峰为[M-1]$^+$，所有质荷比与其分子量相差 1。

图 6-32 5S-1.5P-BO440 光催化降解 2,4-二氯苯酚路线图

从图 6-32 中可以看到，第一步，空穴首先直接进攻 2,4-二氯苯酚邻位的第一个氯使 C—Cl 键断裂，成功将氯脱掉后形成了 $m/z=127.5$ 的对氯苯酚，其结构可以由图 6-33(a)插图子离子扫描图推测出。$m/z=127.5$ 的母离子在轰击下碎裂成二级碎片的过程中，失去一个 $m/z=16$ 的中性粒子 O，生成 $m/z=111.6$ 的子离子；还可以失去一个 $m/z=28$ 的中性粒子 CO，生成 $m/z=100$ 的子离子；或失去 $m/z=36$ 的 HCl 生成 $m/z=80.9$ 的子离子；$m/z=77$ 则是母离子同时失去中性氧和氯离子形成的；$m/z=59$ 和 $m/z=45$ 分别是乙酸和甲酸的碎片结构。

随后 $m/z=127.5$ 的中间产物在水溶液中与羟基自由基反应生成 $m/z=143.5$ 和 $m/z=153$ 的中间产物，$m/z=143.5$ 的结构可由图 6-33(b)推断出。$m/z=153$ 的结构可以通过图 6-33(c)中的插图子离子扫描图得以验证，母离子在碎裂过程中失去 $m/z=44$ 的中性 CO_2 粒子，生成 $m/z=109.2$ 的子离子。

第二步，空穴直接进攻对位的第二个氯使 C—Cl 键断裂，随后的中间产物更容易被氧化为小分子羧酸，见图 6-33(d)和(e)，最后被进一步矿化为 CO_2 和 H_2O。

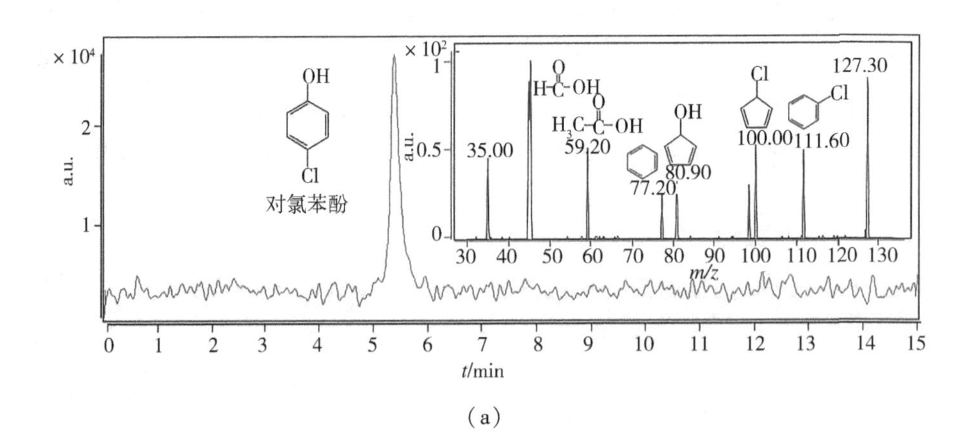

(a)

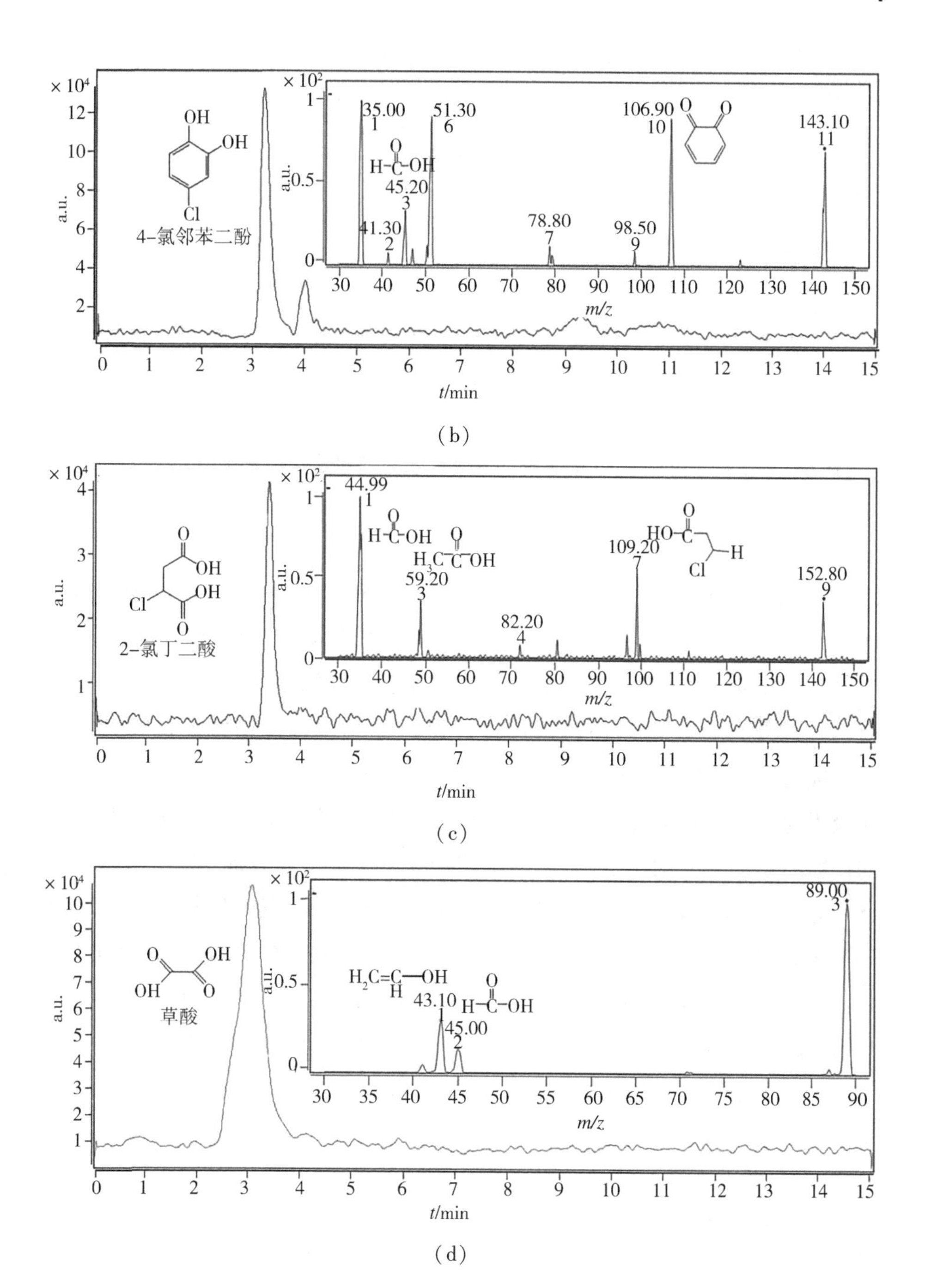
×10⁴
a.u.
OH
OH
Cl
4-氯邻苯二酚
×10²
a.u.
35.00
1
51.30
6
O
H-C-OH
45.20
3
41.30
2
78.80
7
98.50
9
106.90
10
143.10
11
m/z
t/min
×10⁴
a.u.
O
OH
OH
Cl
O
2-氯丁二酸
×10²
a.u.
44.99
1
O
H-C-OH
O
H₃C-C-OH
59.20
3
82.20
4
O
HO-C
H
Cl
109.20
7
152.80
9
m/z
t/min
×10⁴
a.u.
O
OH
OH
O
草酸
×10²
a.u.
89.00
3
H₂C=C-OH
H
43.10
1
O
H-C-OH
45.00
2
m/z
t/min

（b）

（c）

（d）

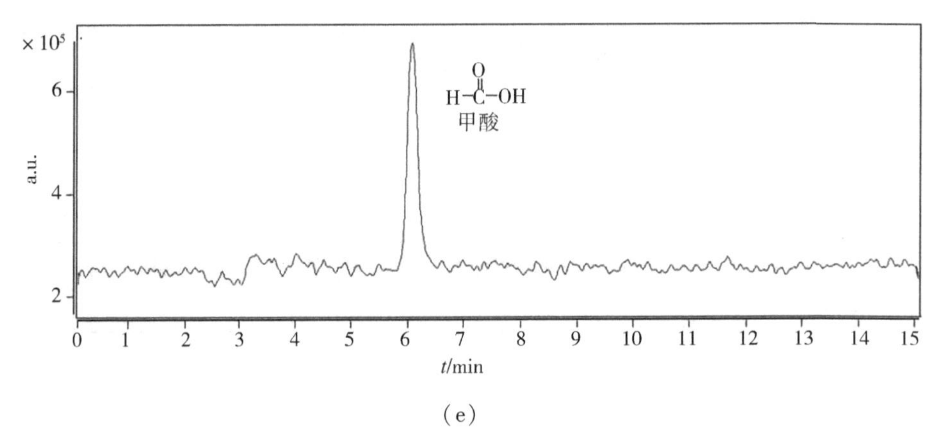

(e)

图 6-33 5S-1.5P-BO440 紫外-可见光降解 2,4-二氯苯酚的中间产物的提取质量色谱图和子离子扫描图(插图)

为了进一步确定在空穴的进攻下,2,4-二氯苯酚降解过程中的关键步骤,考察了 5S-1.5P-BO440 样品对 2,4-二氯苯酚的脱氯-降解过程。首先研究了不同时间段体系产生的主要中间产物的强度变化。如图 6-34(a)所示,对 m/z 为 127.5 和 153 的产物进行比较发现,它们在 40 min 之前强度逐渐增大,在 40 min 之后又快速减小至基本消失,说明在 40 min 之前,空穴直接对催化剂表面吸附的 2,4-二氯苯酚氧化降解,以首先脱掉第一个氯为主。而 m/z 为 143.5 的产物的强度从大到小,可以说明中间产物由 127.5 转变成 143.5,再转变成 153 是一个快速的过程。根据离子色谱对光催化反应结束后剩余溶液中的氯离子浓度的测试结果[图 6-34(b)]可知,在 0~40 min 之间氯离子浓度分别为 4.12 $mg \cdot L^{-1}$ 和 5.20 $mg \cdot L^{-1}$,这与 2,4-二氯苯酚脱掉一个氯的理论值 3.90 $mg \cdot L^{-1}$ 和 5.00 $mg \cdot L^{-1}$ 十分接近,与中间产物含量变化趋势一致,说明脱去第一个氯的步骤是主要过程,是速控步骤。

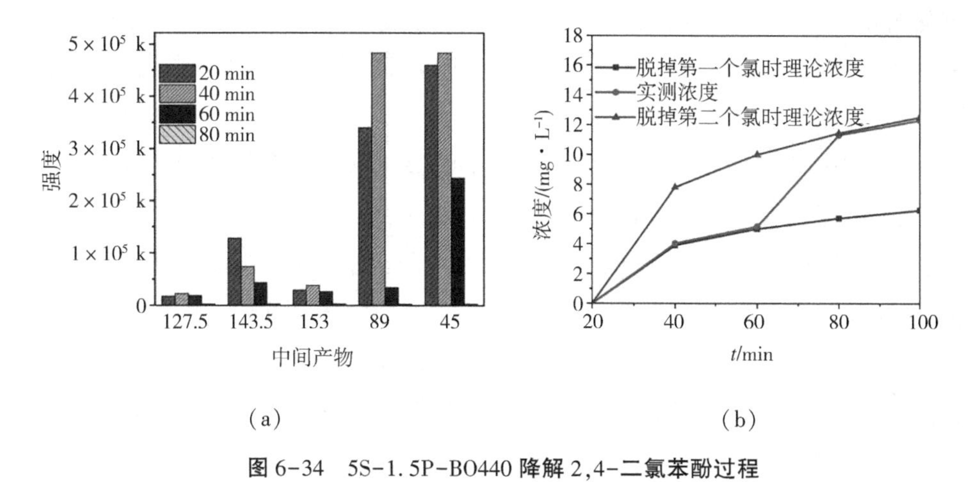

图 6-34　5S-1.5P-BO440 降解 2,4-二氯苯酚过程

(a)不同反应时间的中间产物质谱碎片强度;(b)氯离子浓度(20~80 min)

m/z 为 89 和 45 的中间产物在 60 min 后含量明显降低直至消失,而且氯离子浓度为 11.3 mg · L^{-1} 和 12.3 mg · L^{-1},分别与 2,4-二氯苯酚脱掉两个氯的理论值 11.4 mg · L^{-1} 和 12.5 mg · L^{-1} 十分接近。这说明空穴直接氧化可以致使 2,4-二氯苯酚完全矿化降解,同时也说明吸附诱导空穴进攻脱去第二个氯相对容易,为次要过程,是矿化的基础。

从以上分析可以看出,0.5BP-BO 和 5S-1.5P-BO440 两种材料验证了吸附诱导策略可以充分利用空穴的强氧化性,在降解氯酚类污染物的过程中,依靠 Bi 和 Cl 的作用关系,形成了选择性吸附模式,进而诱导空穴直接氧化进攻首先脱氯降解过程。

6.2.4　电荷调控策略对氯酚降解机制的影响

多种调控策略都对氯酚的降解效率有显著的提高。调控策略的关键就是促进电荷分离,所以电荷分离机制的不同也同样影响着氯酚降解机制以及降解路线。在氯酚降解过程中,催化剂受光激发后产生电子-空穴对,满足一定条件的电子可与表面吸附的氧分子产生强氧化能力的超氧自由基离子,空穴则可以直接进攻或与表面吸附的水分子产生同样具有强氧化能力的羟基自由基。

以 BiOBr 为基础,通过电子调控策略,磷酸修饰促进氧吸附的电荷分离机制如图6-7所示，催化剂表面的氧吸附得到了促进，吸附的氧气更好地捕获被分离的电子，活化氧同时促进了电荷分离，生成可以发挥降解作用的超氧自由基离子，对2,4-二氯苯酚进行有效的降解。此外，利用$BiPO_4$较为合理的导带作为高能级电子接收平台复合到BiOBr上的电荷转移与分离机制如图6-12所示。$BiPO_4$平台接收BiOBr被激发的高能级电子，维持了BiOBr光生电子的热力学还原势能，促进了BiOBr的电荷分离，高能级电子又能很好地活化氧气，产生大量的活性物种超氧自由基离子，对2,4-二氯苯酚进行降解。由超氧自由基离子作为主要活性物种的降解路线如图6-14所示。两步脱氯过程都是由超氧自由基离子进攻诱导生成对应的$m/z=159.5$和$m/z=141$的中间产物，又逐步转化成4-氯邻苯二酚（$m/z=143.5$）和1,2,4-苯三酚（$m/z=125$），逐步降解成开环的小分子，最终实现矿化。可见，通过调控电子活化氧气的电荷分离机制可以诱导超氧自由基离子作为污染物降解的活性物种有效提高降解活性，同时可以在氯酚降解产物组成上有一定的选择性。

与超氧自由基离子的降解机制有所不同，因为空穴容易快速与水反应转化成羟基自由基，而转化过程中会损失部分光生载流子，导致光催化活性降低。只有吸附在光催化剂表面的氯酚污染物才能被有效进攻。若想实现以空穴为主的降解机制，氯酚类污染物在催化剂表面的吸附是关键。基于Bi和Cl的相互作用，设计合成具有较高氯酚吸附性能的$BiPO_4/\beta-Bi_2O_3$复合体电荷转移与分离机制如图6-22所示，Bi_2O_3被激发的高能级电子转移到$BiPO_4$上，有效地促进了电荷分离，致使光生空穴作为主要活性物种直接进攻吸附在催化剂表面的邻氯苯酚，逐步实现降解。可以看到，空穴首先进攻脱去邻位的氯，之后在羟基自由基的持续作用下逐步矿化。设计构建磷氧桥联SnO_2/混相Bi_2O_3复合体（5S-1.5P-BO440）降解2,4-二氯苯酚的电荷转移与分离机制如图6-31所示，基于光催化剂较高的吸附性能，混相Bi_2O_3复合体被激发的电子通过磷氧桥联传输到SnO_2上，促进了电荷的分离，增强了诱导空穴进攻模式，直接进攻吸附在催化剂表面的2,4-二氯苯酚，逐渐实现降解，同样看到空穴首步脱氯的特点，2,4-二氯苯酚经过空穴进攻，脱去邻位氯，形成对氯苯酚（$m/z=127.5$）。随着羟基自由基和空穴的作用，开环成羧酸或醛等小分子中间产物，最终矿化。

6.3　小结

本章针对无机铋基光催化剂的多种电荷调控策略进行比较研究，揭示电荷调控策略与降解机制的影响。结论如下：

(1)磷酸修饰和复合磷酸铋平台可以分别促进 BiOBr 表面氧吸附和维持光生电子的热力学寿命，进而促进电荷分离，并有利于光生电子活化氧形成超氧自由基离子作为降解活性物种，从而提高光催化降解氯酚的活性。通过路线分析看出，氯酚的两步脱氯过程都是在超氧自由基离子进攻的模式下进行的，并生成相应的超氧自由基离子。

(2)基于 Bi_2O_3 光催化剂对氯酚较强的选择性吸附诱导空穴作为活性物种直接氧化进攻降解污染物，SnO_2、$BiPO_4$ 宽带隙半导体平台和磷氧桥联可以提高 Bi_2O_3 的电荷分离效率，继而增强 Bi_2O_3 对氯酚选择性吸附基础上的空穴进攻模式，从而使其光催化性能得到显著提高。

参考文献

[1] PERA-TITUS M, GARCIA-MOLINA V, MIGUEL A B, et al. Degradation of chlorophenols by means of advanced oxidation processes: A general review[J]. Applied Catalysis B: Environmental, 2004, 47: 219-256.

[2] YIN L F, SHEN Z Y, NIU J F, et al. Degradation of pentachlorophenol and 2, 4-dichlorophenol by sequential visible-light driven photocatalysis and laccase catalysis [J]. Environmental Science and Technology, 2010, 44 (23): 9117-9122.

[3] FAN X Y, LAI K R, WANG L C, et al. Efficient photocatalytic dechlorination of chlorophenols over a nonlinear optical material $Na_3VO_2B_6O_{11}$ under UV-visible light irradiation[J]. Journal of Materials Chemistry A, 2015, 3(23): 12179-12187.

[4] JING L Q, QIN X, LUAN Y B, et al. Synthesis of efficient TiO_2-based photocatalysts by phosphate surface modification and the activity-enhanced mecha-

nisms[J]. Applied Surface Science, 2012, 258(8): 3340-3349.

[5]OBREGÓN S, ZHANG Y F, COLÓN G. Cascade charge separation mechanism by ternary heterostructured $BiPO_4/TiO_2/g-C_3N_4$ photocatalyst[J]. Applied Catalysis B: Environmental, 2016, 184: 96-103.

[6]LIU Y D, SUN N, CHEN S Y, et al. ynthesis of nano SnO_2-coupled mesoporous molecular sieve titanium phosphate as a recyclable photocatalyst for efficient decomposition of 2,4-dichlorophenol[J]. Nano Research. 2018, 11: 1612-1624.

[7]HU Y, LI D Z, SUN F Q, et al. Temperature-induced phase changes in bismuth oxides and efficient photodegradation of phenol and p-chlorophenol[J]. Journal of Hazardous Materials, 2016, 301: 362-370.

[8]CHEN X J, DAI Y Z, GUO J, et al. Novel magnetically separable reduced graphene oxide (RGO)/$ZnFe_2O_4/Ag_3PO_4$ nanocomposites for enhanced photocatalytic performance toward 2,4-dichlorophenol under visible light[J]. Industrial & Engineering Chemistry Research, 2016, 55: 568-578.

第7章　氮化碳基纳米光催化剂电荷调控及嗪草酮降解机制研究

氮化碳作为一种无毒且廉价的新型有机半导体,被认为是极具前景的光催化剂之一,成为近年来的研究热点。2009 年 Wang 等首次报道了氮化碳用于光催化制氢。此后,氮化碳基材料在降解环境污染物等方面得到了广泛研究。而氮化碳被用于光催化降解嗪草酮的相关研究少有报道,并且嗪草酮的光催化降解机制尚不清楚。基于以往研究,促进氮化碳基光催化材料的光生电荷分离及提高其表面氧活化能力是提高其光催化降解污染物性能的关键。此外,氮化碳基光催化材料在降解嗪草酮过程中的活性物种有待确认,降解的反应路径有待研究。

为此,本章系统地比较了引入合适的能级平台、构建 Z 型异质结和磷酸修饰促进氧吸附 3 种电荷调控策略对有机氮化碳基纳米片光催化降解嗪草酮的活性与降解机制的影响,揭示不同光生电荷调控策略对氮化碳光催化活性及降解机制的影响,以便设计高性能的氮化碳基光催化剂。

7.1　试验部分

7.1.1　仪器设备与材料

仪器设备:SX2-4-10 型高温箱式电阻炉,DF101S 型恒温加热磁力搅拌器,150 W 球形氙灯,300 W 球形氙灯,H1850 型高速离心机,Bruker D8 Advance 型 X 射线衍射仪,iS50 型傅里叶变换红外光谱仪,UV-2700 型紫外-可见分光光度计,S-4800 型扫描电子显微镜,JEM-2010X 型透射电子显微镜,ESCALAB MK Ⅱ型 X 射线光电子能谱仪,Tristar Ⅱ 3020 型物理化学吸附仪,稳态表面光电压测试系统,瞬态表面光电压测试系统,PGSTAT101 型电化学工作站,1200 型高效液相色谱仪,LS55 型荧光分光光度计,AR1140 型电子天平,6410 型液相色谱串联质谱仪,ICS-600 型离子色谱仪。

材料:尿素,溴化钾,乙二胺四乙酸二钠,无水乙醇,硝酸,香豆素,酞酸四丁酯,聚乙二醇,一水合柠檬酸,氢氧化钠,甲醇,磷酸二氢钠,异丙醇,磷酸,硫酸钡,2,4-二氯苯酚,对苯醌,九水合硝酸铁。以上试剂均为分析纯,均未经二次纯化。嗪草酮(标准品,纯度大于 0.99%),试验用水为二次蒸馏水。

7.1.2 结构表征

7.1.2.1 X 射线衍射分析

X 射线衍射是一种表征物质的晶相和晶体结构的测试技术。配备 Cu 衍射靶,测试电压为 40 kV,测试电流为 50 mA,扫描速度 $8° \cdot min^{-1}$。

7.1.2.2 透射电子显微镜

透射电子显微镜是用于表征样品微观形貌的一种重要技术手段,通过透射电子显微镜图片可获取样品形貌、粒径大小及其分布情况等信息。仪器配备的 EDS 分析速度较上几代更快,且对样品损伤更小。

7.1.2.3 紫外-可见漫反射光谱

紫外-可见漫反射光谱是一种能够获取光催化材料的带边吸收位置、带隙能及表面态等信息的测试技术。测试时使用 $BaSO_4$ 作为参比校准基线。

7.1.2.4 X 射线光电子能谱

X 射线光电子能谱是用于表征化合物的元素组成、含量、化学价态和化学环境等信息的重要分析测试方法。采用单色化铝靶作为 X 射线源。

7.1.3　电荷分离表征

7.1.3.1　光致发光光谱

光致发光光谱是一种用于研究光催化材料的光生电荷分离、复合等信息的分析测试方法。本章中的光致发光光谱测试涉及稳态光致发光光谱和瞬态光致发光光谱。稳态光致发光光谱测试所用仪器为 LS55 型荧光分光光度计；瞬态光致发光光谱利用光电倍增管（型号为 H1461P-11）配备时间相关的单光子计数系统进行测试，激发源为 405 nm 脉冲激光。用 50 ps 的脉冲二极管激光器（型号为 23-APiL037X）在 405 nm 条件下激发样品。瞬态光致发光光谱测试系统的时间分辨率约为 1 ns。

7.1.3.2　表面光电压测试

表面光电压技术是一种能够直接揭示光生载流子的分离、复合等信息的表面光物理技术。本章中的表面光电压测试涉及稳态表面光电压测试及瞬态表面光电压测试两种方法。

本章采用的稳态表面光电压测试系统为组内自行搭建的，配备样品池、光源、光源斩波器（型号为 SR540）、同步锁相放大器（型号为 SR830）和单色仪（型号为 SBP300）。稳态表面光电压测试系统中，被测样品粉末被两块 ITO 导电玻璃夹紧，置于样品池中。样品池可根据试验需要充满不同的气体（空气、氮气、氧气）。测试样品被经过斩波的单色光照射时所产生的光电压信号导入锁相放大器，信号经放大处理后被计算机采集。

本章采用的瞬态表面光电压测试系统也为组内自行搭建的，配备激光光源（型号为 Lab-130-10H 的 Nd:YAG 激光器，激发波长可选 355 nm 或 532 nm）、能量计（型号为 PE50BF-DIF-C）、前置放大器（型号为 5185）、数字示波器（型号为 DPO 410B，带宽 1 GHz），可以获得光生电荷的动力学行为信息。与稳态表面光电压测试不同的是，在瞬态表面光电压测试中，样品被脉冲激光所激发，产生的光电压信号由前置放大器放大后，最终被数字示波器所收集。

7.1.4 性能测试分析

7.1.4.1 与羟基自由基含量相关的荧光测试

本章开展的羟基自由基测试以香豆素作为探针分子,利用催化剂在光照条件下产生的羟基自由基与香豆素反应生成的具有荧光信号的7-羟基香豆素,来反映催化剂的羟基自由基产量。具体测试方法为:将 0.02 g 催化剂分散于 50 mL 香豆素溶液(浓度为 2×10^{-4} mol · L^{-1}),在光照条件下搅拌 30 min,将悬浊液离心后留上层清液置于石英比色皿中进行测试。

7.1.4.2 光催化降解嗪草酮的测试

光催化降解嗪草酮的试验流程如下:采用 300 W 球形氙灯光源。称取催化剂 0.2 g 加入装有 50 mL 已知浓度的嗪草酮标准溶液的 100 mL 的小烧杯中,首先避光搅拌 30 min,以便达到吸附平衡,然后再转移至光源下进行光照反应,每隔 1 h 取一定体积的反应液体,过 0.45 μm 滤膜,进入高效液相色谱仪测试含量。通过单点法计算嗪草酮的光催化降解率。光催化降解率=(目标污染物原液峰面积-降解后样品峰面积)/目标污染物原液峰面积×100%。采用上述过程测试光催化降解嗪草酮动力学曲线,在光照反应进行时,每隔 1 h 取样一次,并对其含量进行分析。以反应时间(t)为横坐标,以 $\ln(c_t/c_0)$ 为纵坐标作图,得到相应一级动力学方程,方程斜率是速率常数(k),c_0 为嗪草酮反应前初始含量,c_t 为嗪草酮 t 时刻剩余含量。

液相色谱条件:采用高效液相色谱仪,配紫外检测器,色谱柱为 SB-C_{18} 柱(250 mm × 5 mm,4.5 μm),流动相为甲醇:水=50:50,检测波长为 278 nm,进样量为 20 μL,根据保留时间定性,由降解前后峰面积的比值确定降解活性。图 7-1 为嗪草酮标准溶液的液相色谱图,可以看出嗪草酮的色谱保留时间为 7.902 min。

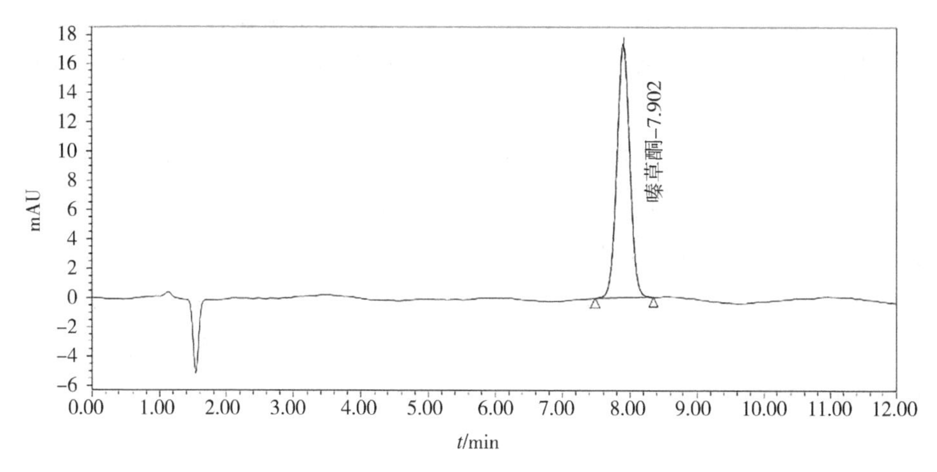

图 7-1　嗪草酮标准溶液的液相色谱图

7.1.5　机制分析与表征

7.1.5.1　自由基捕获测试

通过羟基自由基测试来判断反应中实际起作用的活性物种。光催化降解反应的活性物种主要为光生空穴、羟基自由基和超氧自由基离子,测试过程为直接在光催化反应体系中分别加入相对应的 1 mmol · L^{-1} 的捕获剂溶液,乙二胺四乙酸二钠为空穴捕获剂,异丙醇为羟基自由基捕获剂,苯醌为超氧自由基离子捕获剂。光催化反应结束后,利用紫外-可见分光光度计测定吸光度,并换算为降解率。

7.1.5.2　中间有机产物色谱-质谱分析

通过高效液相色谱串联质谱法对污染物的光降解过程中形成的中间产物进行了分析。将 0.2 g 样品加入一个 100 mL 的烧杯中,再加入有机污染物(50 mL,10 mg · L^{-1}),搅拌,在光反应之前将悬浮液在黑暗中搅拌 0.5 h,以确保有机污染物颗粒被吸附在光催化剂的表面。之后用氙灯照射 4 h。每隔一段时间将一定量的溶液取出过 0.22 μm 滤膜,进质谱分析。中间产物分析是采用三重四级杆串联质谱仪,色谱条件:C_{18} 色谱柱(100 mm × 2.1 mm,2.7 μm),柱温为 35 ℃,流动相为 0.1%甲酸水溶液：甲醇= 50：50,流速为 0.3 mL·min^{-1},进样体积为 10 μL;质谱条件:电离方式为电喷雾电离,正离子扫描模式(嗪草酮及其中间产物),离子源温度为 350 ℃,雾化气压力为 35 psi,干燥气流速 8 L·min^{-1},碎裂电压为 20 V,碰撞器能量为 5~20 V。在仪器使用前,三重四级杆质谱仪在 m/z=30~1 000 范围内进行质量轴校准,以获得 0.1 unit 的质量精度。定性分析采用 Agilent Masshunter 软件,从总离子流图中提取质量色谱图,逐一分析每个碎片,再通过子离子扫描模式确认每个产物的二级碎片,通过质荷比和二级碎片分析产物结构。图 7-2 是嗪草酮标准品的总离子流图和子离子扫描图(插图)。

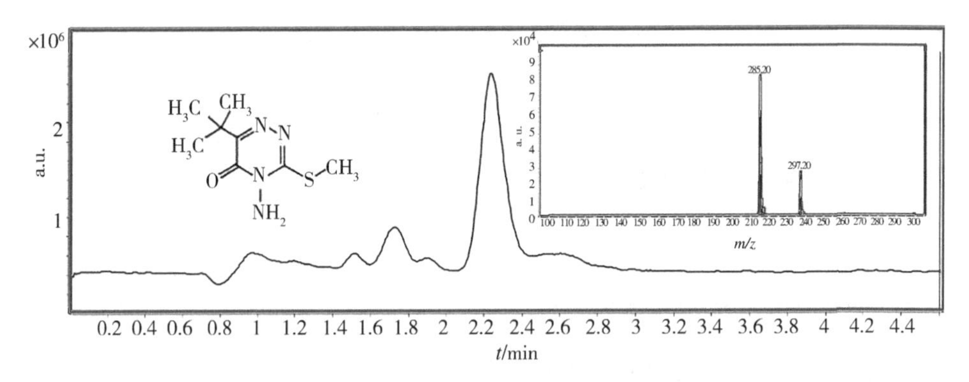

图 7-2 嗪草酮标准品的总离子流图及子离子扫描图(插图)

7.1.6 材料的制备

7.1.6.1 g-C_3N_4 纳米片的合成

采用煅烧法合成 g-C_3N_4 纳米片。首先,取 30 g 尿素放入容量为 100 mL 的带盖坩埚内,将坩埚放入箱式马弗炉中以 0.5 ℃·min^{-1} 的速率升温到 550 ℃煅烧 3 h,待自然冷却至室温后,将得到的淡黄色粉末研磨收集,得到 g-C_3N_4 样品。

7.1.6.2 磷酸修饰 g-C_3N_4 纳米片的合成

利用湿化学方法合成磷酸修饰 g-C_3N_4 纳米片。取 0.5 g 的 g-C_3N_4 粉末分散在 20 mL 0.02 mmol/L 的磷酸水溶液中搅拌 2 h。将悬浊液 80 ℃烘干,并于 450 ℃煅烧 1 h。

7.1.6.3　Fe_2O_3 复合的 g-C_3N_4 纳米片的合成

将 1 g g-C_3N_4 与 0.05 g Fe_2O_3 纳米粒子在 10 mL 水和 10 mL 乙醇中混合,搅拌 30 min 并超声 30 min。搅拌和超声处理过程重复 3 次。悬浮液在 80 ℃下蒸发至干。最终的粉末在 450 ℃下煅烧 1 h。

7.1.6.4　TiO_2 复合的 g-C_3N_4 纳米片的合成

TiO_2 复合的 g-C_3N_4 是通过湿化学方法制备的。TiO_2 首先是通过水热法合成的。将 $Ti(OBu)_4$(5 mL)滴加到 20 mL 无水乙醇中,并持续搅拌 15 min。然后,再加入 0.9 mL HF,搅拌 2 h 后,将溶液放在一个聚四氟乙烯内衬不锈钢反应釜中,在 160 ℃下进行水热反应 24 h。然后,将 1 g TiO_2 分散在 50 mL 水中,形成 TiO_2 悬浮液。

将 1 g 的 g-C_3N_4 与 3 mL TiO_2 悬浮液加入 50 mL 水和 50 mL 乙醇的混合溶液中,搅拌并超声处理 30 min,搅拌和超声处理过程重复 3 次。将悬浮液在 80 ℃下蒸发至干。最后的粉末在 450 ℃下煅烧 30 min。

7.2　结果与讨论

7.2.1　氮化碳基纳米光催化剂的合成

本章工作中 TiO_2、Fe_2O_3 和磷酸盐在 g-C_3N_4 上的负载量是基于之前的试验工作确定的。为了研究纯 g-C_3N_4 和经过不同调控策略的 g-C_3N_4 的晶体结构,用 X 射线衍射谱对制备的样品进行了表征(图 7-3)。X 射线衍射谱包含两个特征衍射峰,分别位于 $2\theta=13.1°$ 和 $27.3°$,分别对应于 CN 的(100)和(002)面。在 H_3PO_4、TiO_2 和 Fe_2O_3 改性后,晶体结构和结晶度保持不变。在 Fe_2O_3/g-C_3N_4 和 TiO_2/g-C_3N_4 样品的图谱中可以分别观察到属于 Fe_2O_3 和 TiO_2 的特征衍射峰,表明结晶的 Fe_2O_3 和 TiO_2 与 g-C_3N_4 都在复合材料中存在。

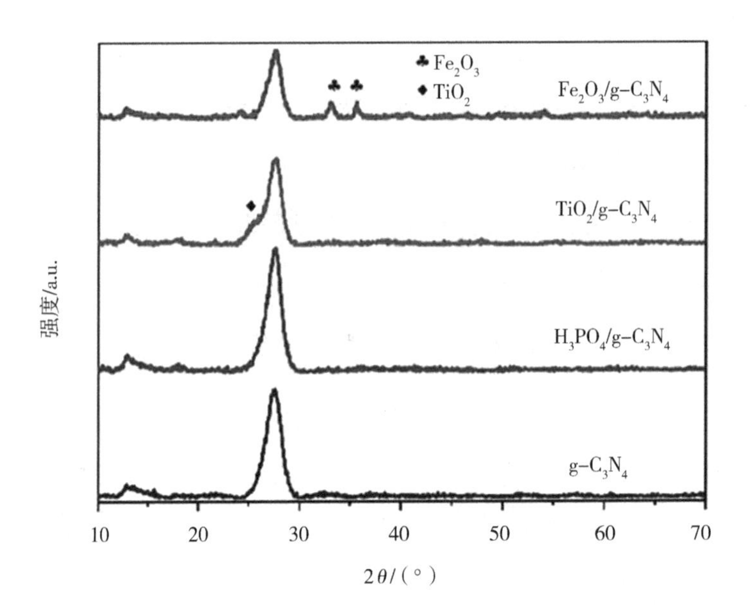

图 7-3 $g-C_3N_4$、$H_3PO_4/g-C_3N_4$、$Fe_2O_3/g-C_3N_4$ 和 $TiO_2/g-C_3N_4$ 的 X 射线衍射谱

随后,检测了不同调控策略对样品的光学吸收性质的影响,对其进行了紫外-可见漫反射光谱测试,如图 7-4 所示。$g-C_3N_4$ 和 $H_3PO_4/g-C_3N_4$ 的光吸收特征是相同的,这表明经过磷酸改性后的复合材料的光学性能保持不变。然而,在 TiO_2 和 Fe_2O_3 复合后光的吸收特征发生了很大的变化。由于 Fe_2O_3 是窄带隙半导体,$Fe_2O_3/g-C_3N_4$ 在可见光区域有了吸收。

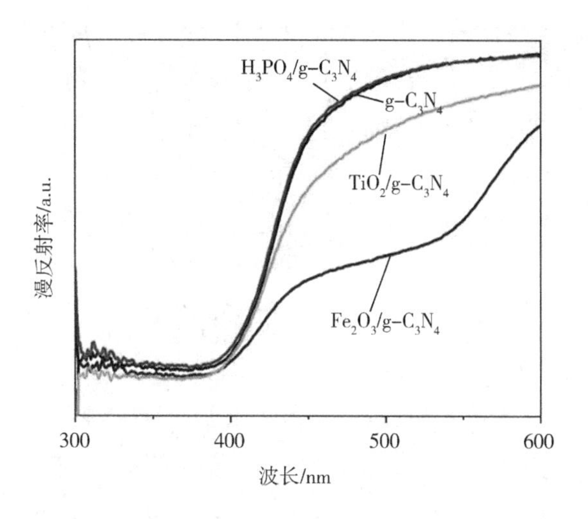

图 7-4　紫外-可见漫反射光谱

如图 7-5(a)中的透射电子显微镜图像所示,所制备的 g-C_3N_4 是纳米片状的薄层结构。在用 H_3PO_4、Fe_2O_3 和 TiO_2 修饰后 g-C_3N_4 的形貌没有变化,分别如图 7-5(b)至(d)所示。在图 7-5(c)的插图中观察到了 0. 25 nm 的晶格条纹,这归因于 Fe_2O_3 的(110)面。TiO_2/g-C_3N_4 的透射电子显微镜图像[图 7-5(d)]显示,TiO_2 纳米颗粒与 g-C_3N_4 纳米片紧密结合。TiO_2 纳米颗粒的形状是平均尺寸为 10 nm 的四边形纳米片,这与以前的研究结论类似,显示了 TiO_2 暴露的(001)面。从图 7-5(d)插入的高分辨透射电子显微镜图像中可以看到,两个平面的间距为 0. 35 nm 和 0. 19 nm,它们分别归属于 TiO_2 的(101)和(200)面。根据制备技术、四边形形态和暴露的(200)面确认 TiO_2 纳米片有一个暴露的(001)平面。

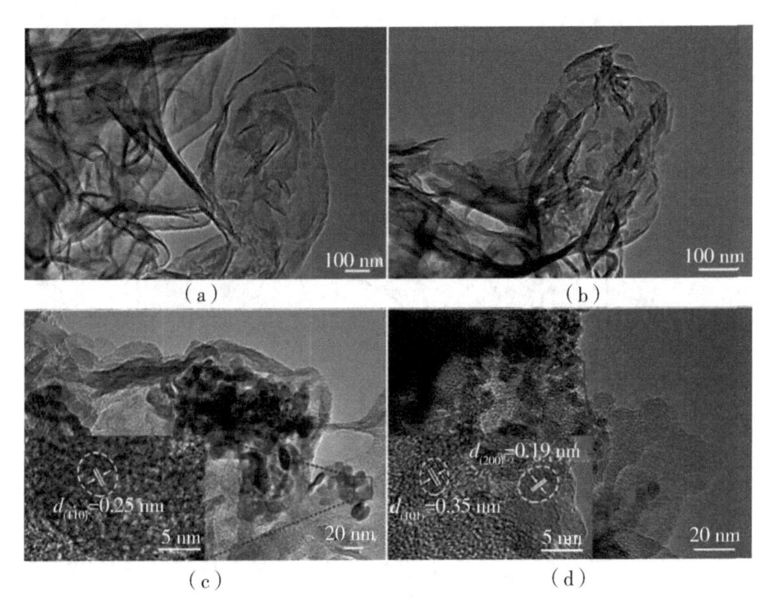

(a) (b) (c) (d)

图 7-5 透射电子显微镜图像

(a)$g-C_3N_4$;(b)$H_3PO_4/g-C_3N_4$;(c)$Fe_2O_3/g-C_3N_4$;(d)$TiO_2/g-C_3N_4$;(c)和(d)中的插图为选定区域的高分辨透射电子显微镜图像

7.2.2 氮化碳基纳米光催化剂的光生电荷分离与活性

电荷分离是决定光催化活性的重要因素之一。光生电荷的分离在优化光催化剂活性方面非常重要,因为它是光催化的决定性步骤。稳态表面光电压谱可以直接揭示许多光催化系统中光生电荷载体的空间分离情况。使用稳态表面光电压技术可以揭示许多光催化系统中复杂的纳米级电荷分离过程,并且与光催化活性有很好的关联。因此使用稳态表面光电压技术研究了 $g-C_3N_4$ 纳米片和不同的改性样品中的电荷分离情况。如图 7-6 所示,所有的调控策略都促进了 $g-C_3N_4$ 的电荷分离,其中 $TiO_2/g-C_3N_4$ 样品显示出最强的稳态表面光电压信号。根据之前提出的机制,具有适当导带的 TiO_2 可以作为适当能级平台接收来自 $g-C_3N_4$ 的高能级电子,它与光生电子的热力学能量相匹配,并促进电荷分离。值得注意的是,(001)面暴露的 TiO_2 因具有二维结构,故能与二维 $g-C_3N_4$ 纳米片很好地匹配,促进电荷转移。同样,复合 Fe_2O_3 也能保持电子的热力学能量并促进电荷分离。然而,由于 Fe_2O_3 纳米颗粒和 $g-C_3N_4$ 纳米片之间的界面不匹配,Fe_2O_3/g-C_3N_4 的电荷分离比 TiO_2/g-C_3N_4 的要弱。此外,已经证明 H_3PO_4 修饰可以促进材料表面的氧吸附,以促电荷分离。尽管 H_3PO_4 修饰可以促进 g-C_3N_4 的电荷分离,但与 TiO_2/g-C_3N_4 和 Fe_2O_3/g-C_3N_4 相比,它的稳态表面光电压信号相对较弱,这意味着光催化活性的提高是由于异质结形成的界面电荷分离和界面之间的尺寸匹配。

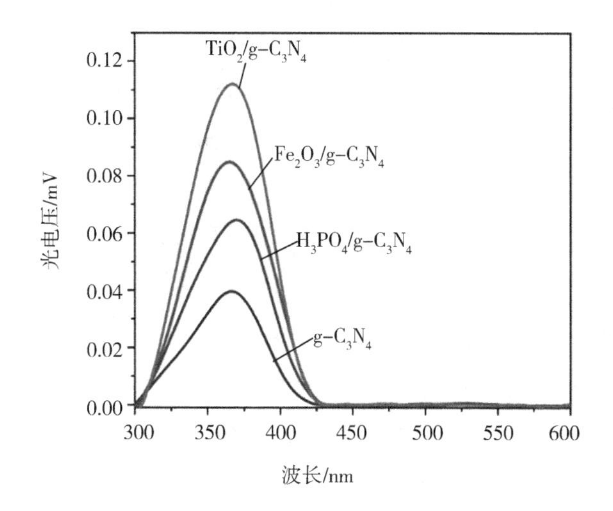

图 7-6　稳态表面光电压谱

时间分辨光致发光光谱可以为分析光催化过程中电荷分离动态变化提供重要的依据。一般来说,从光谱中计算出的平均荧光寿命反映了样品的电荷分离情况。其计算公式为:$\tau = (A_1\tau_{12} + A_2\tau_{22})/(A_1\tau_1 + A_2\tau_2)$ 。其中 A_1、A_2 是拟合系数,表示对应的荧光强度贡献比例,τ_1 和 τ_2 表示对应的荧光寿命,均可以从拟合曲线中得到(图 7-7)。

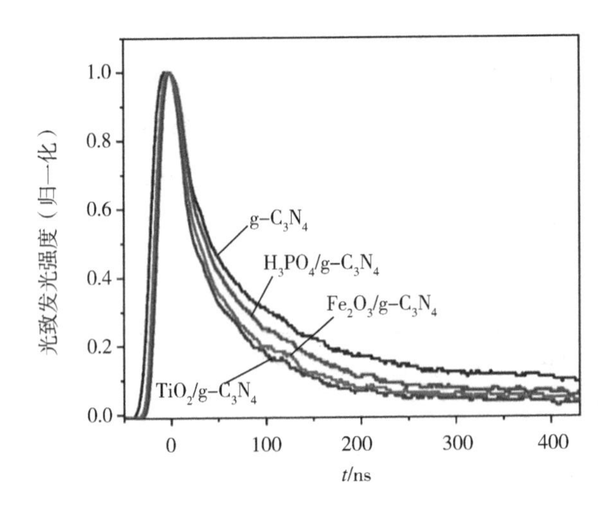

图 7-7　时间分辨光致发光光谱

表 7-1 中列出的详细数据表明，TiO_2/g-C_3N_4 和 Fe_2O_3/g-C_3N_4 的平均荧光寿命（65.2 ns 和 67.7 ns）比纯 g-C_3N_4 样品的寿命（96.7 ns）要短约 30%。金属氧化物复合后缩短了荧光寿命，主要归因于在界面上形成的异质结加速了电荷转移和分离。此外，H_3PO_4/g-C_3N_4 的平均荧光寿命（81.1 ns）也比纯 g-C_3N_4 短 16%。这可以归因于 H_3PO_4 的修饰增加了氧吸附，提高了电荷分离的能力。以上结果表明 3 种 g-C_3N_4 改性方法都促进了电荷分离，特别是 TiO_2 改性的平台引入策略。

表 7-1　荧光寿命

样品	A_1	τ_1	A_2	τ_2	平均寿命/ns
g-C_3N_4	0.539 1	29.04	0.473 8	116.00	96.7
H_3PO_4/g-C_3N_4	0.473 4	21.08	0.556 1	92.76	81.1
Fe_2O_3/g-C_3N_4	0.490 4	18.32	0.533 9	78.29	67.7
TiO_2/g-C_3N_4	0.448 4	12.99	0.551 3	72.78	65.2

瞬态表面光电压谱是揭示电荷载体动态行为的另一种先进技术。对于一个纳米级的半导体来说，内置电场对激子分离的影响很弱，可以忽略不计。因此激子分离主要受扩散的影响，扩散发生在微秒级。从图 7-8 中可以看出，在

355 nm 波长的激光脉冲照射下,所有的 CN 样品都表现出积极的表面光电压响应。这进一步证实了改性的 TiO_2、Fe_2O_3 和 H_3PO_4 对于捕获光生电子的作用。与 g-C_3N_4 相比,TiO_2/g-C_3N_4、Fe_2O_3/g-C_3N_4 和 H_3PO_4/g-C_3N_4 的瞬态表面光电压信号大大增强,特别是 TiO_2/g-C_3N_4,这与稳态表面光电压谱和时间分辨光致发光光谱的结果一致。因此,可以得出结论,H_3PO_4、Fe_2O_3 和 TiO_2 的修饰促进了 g-C_3N_4 纳米片中的电荷分离,其趋势是 TiO_2/g-C_3N_4>Fe_2O_3/g-C_3N_4>H_3PO_4/g-C_3N_4>g-C_3N_4。

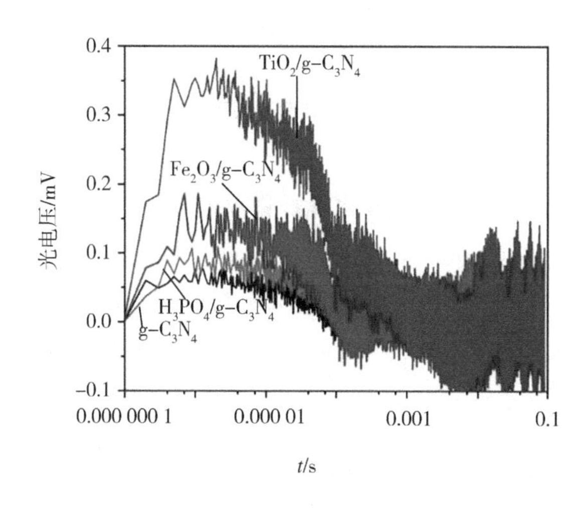

图 7-8　瞬态表面光电压谱

图 7-9 中由荧光光谱确定的羟基自由基数量进一步证实瞬态表面光电压谱的结果。在光催化过程中,分离的光生电子和空穴立即与吸附的反应物(如 O_2 和 H_2O)反应,产生活性氧物种,如超氧自由基离子和羟基自由基。羟基自由基在光催化系统中无处不在,是光生电荷反应的一个中间产物,因此,羟基自由基的浓度可以用来表征电荷分离情况。从图 7-9 中可以看出,羟基自由基的浓度与稳态表面光电压谱、时间分辨光致发光光谱和瞬态表面光电压谱的趋势相吻合。

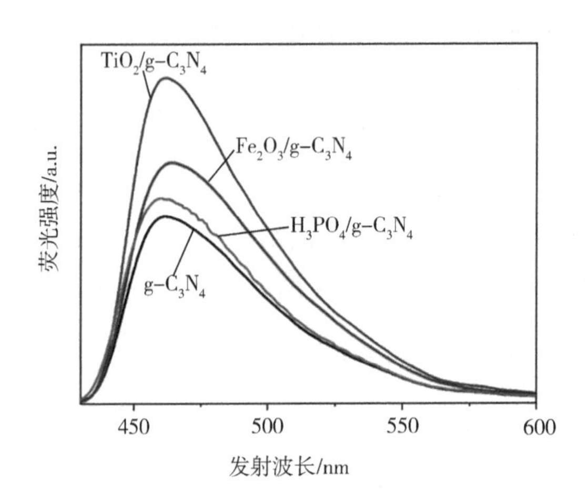

图 7-9　羟基自由基测试

为评价不同电荷调控策略的光催化降解嗪草酮的活性，测试了在可见光照射下不同样品降解嗪草酮的光催化动力学曲线，如图 7-10 所示。空白试验在可见光照射下不加光催化剂的条件下进行的，其对嗪草酮没有光催化活性。为了全面比较，同步测试了 TiO_2、Fe_2O_3 和 g-C_3N_4 的光催化活性，见图 7-10。

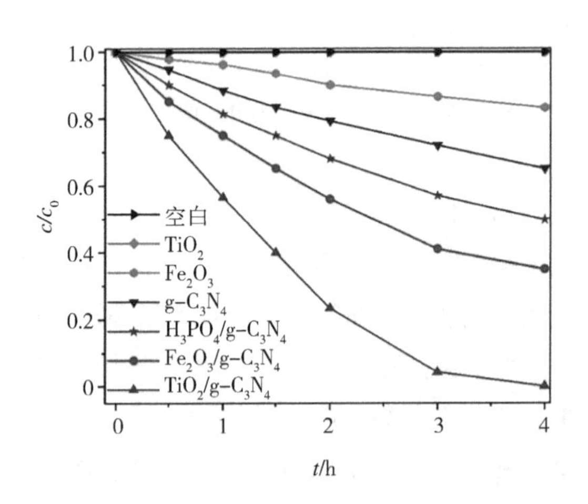

图 7-10　光催化降解嗪草酮的活性

我们可以发现，由于 TiO_2 的带隙很宽，所以它在可见光下的活性很差。尽管 Fe_2O_3 显示了降解嗪草酮的光催化活性，但其活性也非常差，这可以归因于其较高的电荷复合速率。相比之下，g-C_3N_4 的降解效果比 Fe_2O_3 好，在 4 h 的辐照后，降解率达到 35%。然而，对 g-C_3N_4 进行 H_3PO_4、Fe_2O_3 和 TiO_2 修饰后的所有样品都显示出更好的降解嗪草酮的光催化活性。H_3PO_4/g-C_3N_4 和 Fe_2O_3/g-C_3N_4 的降解率分别为 50%和 65%。正如预期的那样，TiO_2/g-C_3N_4 表现出最好的光催化活性，在 4 h 的照射后，几乎 100%的嗪草酮被降解。

不同样品光催化降解嗪草酮的伪一级动力学曲线如图 7-11 所示。可见，TiO_2/g-C_3N_4 的降解速率是纯 g-C_3N_4 的 6 倍。光催化活性与电荷分离具有相同的趋势。

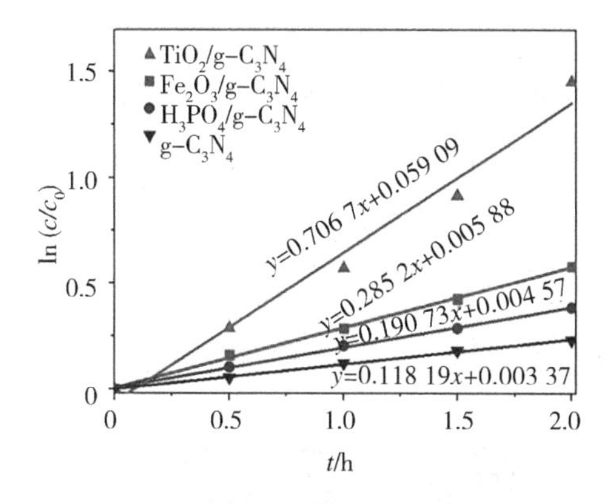

图 7-11　光催化降解嗪草酮的伪一级动力学曲线

此外，测试了 4 种样品对 2,4-二氯苯酚降解的光催化活性以进一步评估样品的性能，如图 7-12 所示。2,4-二氯苯酚降解的光催化活性与嗪草酮降解的趋势相同，表明了改性技术的普适性。

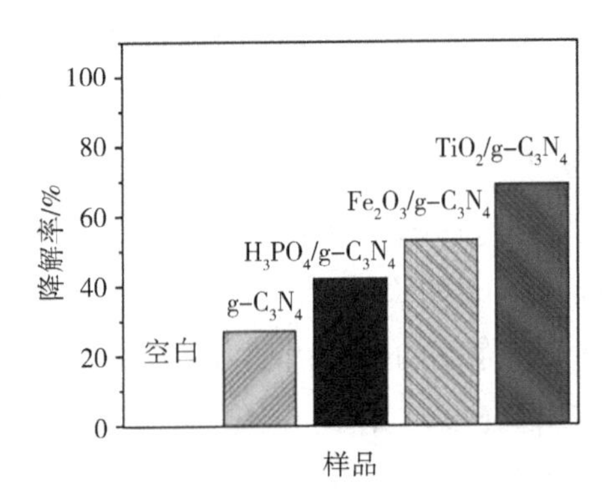

图 7-12 不同样品降解 2,4-二氯苯酚的光催化活性

我们进行了 $TiO_2/g-C_3N_4$ 在可见光照射下对嗪草酮催化降解的稳定性和可重复使用性测试,如图 7-13 所示。很明显,即使在 10 h 内经过 5 个循环,$TiO_2/g-C_3N_4$ 的光催化活性也没有出现可察觉的下降。

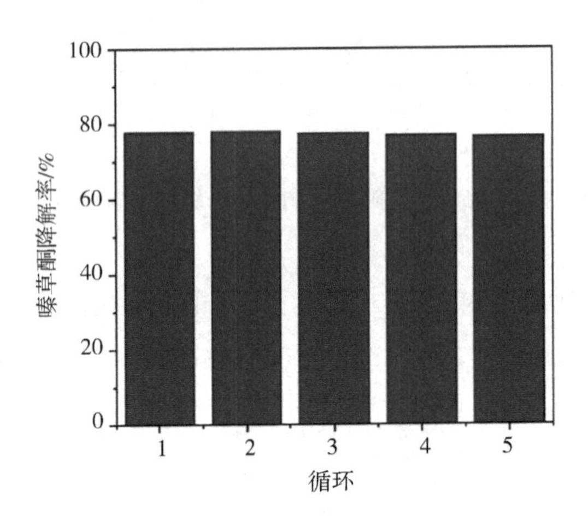

图 7-13 $TiO_2/g-C_3N_4$ 降解嗪草酮的稳定性试验

7.2.3 氮化碳基纳米光催化剂的光催化机制

在光催化过程中,3 种活性物种超氧自由基离子、羟基自由基和空穴被认为是主要的活性物种。确定主要的活性物种将有助于理解光催化降解机制。苯

醌、异丙醇和乙二胺四乙酸二钠被用于分别捕获超氧自由基离子、羟基自由基和空穴。

如图 7-14 所示，当加入异丙醇时，纯 $g-C_3N_4$ 降解嗪草酮的光催化活性有所下降，表明对于纯 $g-C_3N_4$，羟基自由基是主要的活性物种。对于 $H_3PO_4/g-C_3N_4$、$Fe_2O_3/g-C_3N_4$ 和 $TiO_2/g-C_3N_4$，当加入异丙醇和苯醌时，光催化活性均下降，这表明超氧自由基离子和羟基自由基都参与了对嗪草酮的光催化反应，都作为催化降解嗪草酮的活性物种。

基于上述结果，我们可以看出 H_3PO_4、Fe_2O_3 和 TiO_2 的修饰促进了 $g-C_3N_4$ 纳米片降解嗪草酮的光催化活性。相应地，不同的电荷调控策略对应不同的电荷分离机制。

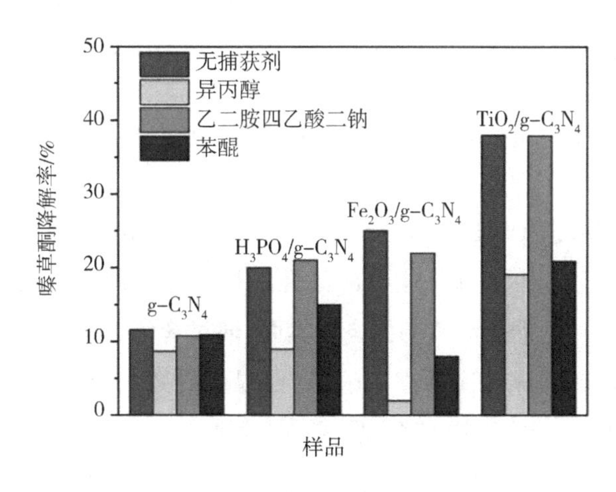

图 7-14　不同样品在 1 h 内降解嗪草酮的自由基捕获试验

综上所述，我们尝试了 3 种有效的方法来促进 $g-C_3N_4$ 降解有机污染物的光催化活性，包括通过修饰磷酸来提高 O_2 的吸附性、构建 Z 型异质结，以及建立一个合适的能级平台来接收高能级电子，电荷分离机制如图 7-15 所示。根据电荷分离机制和光催化活性，促进电荷分离能明显提高 $g-C_3N_4$ 的活性。虽然提高 O_2 的吸附性可以提高活性，但不如复合金属氧化物来构建纳米复合材料更有效。复合 Fe_2O_3 和 TiO_2 的比较结果表明，电子调控对光催化活性很重要。此外，界面匹配对纳米复合材料之间的电荷分离的促进也很重要。适当的导带电位和匹配的界面复合 TiO_2 是 $g-C_3N_4$ 纳米片改性的最佳选择，并赋予它们最好的嗪草酮降解的光催化活性。

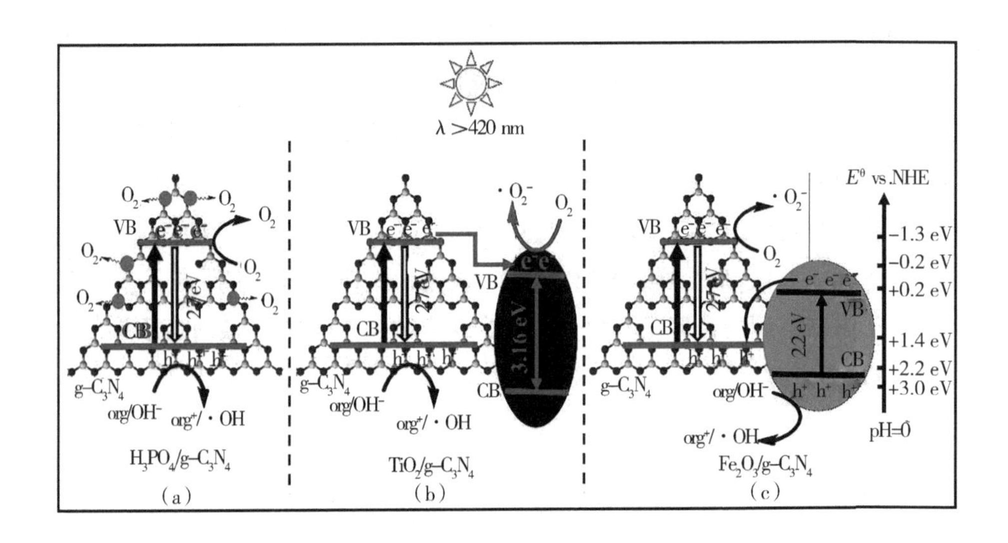

图 7-15　$H_3PO_4/g-C_3N_4$、$Fe_2O_3/g-C_3N_4$ 和 $TiO_2/g-C_3N_4$ 的电荷分离机制图

根据上述结果，$TiO_2/g-C_3N_4$ 对嗪草酮的降解显示出最好的光催化活性，超氧自由基离子和羟基自由基是主要的活性物种。这两种自由基的协同作用导致了 $TiO_2/g-C_3N_4$ 光催化活性的提高。然而，通过超氧自由基离子和羟基自由基进行嗪草酮降解的详细途径尚不清楚，也很少研究。为此，我们通过高效液相色谱串联质谱法监测反应过程中形成的中间产物，并通过分析二阶质谱进一步验证。据此，超氧自由基离子和羟基自由基都是参与嗪草酮降解的主要活性基团。因此，通过分析高效液相色谱串联质谱的片段，提出了两种不同的途径。

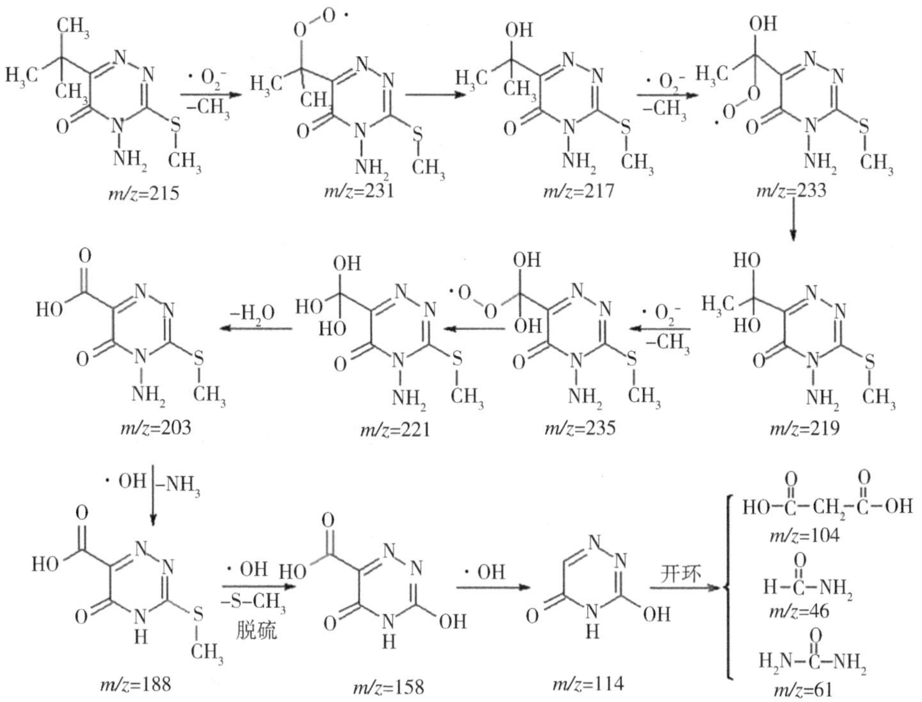

图 7-16　以超氧自由基离子为主要活性物种的 $TiO_2/g\text{-}C_3N_4$ 光催化剂可见光催化降解嗪草酮的途径

如图 7-16 所示,在超氧自由基离子进攻途径的最开始,检测到 $m/z=231$ 的超氧自由基离子,随后转变成 $m/z=217$ 的叔丁基的一个甲基被氧化成一个羟基的碎片结构,它们是超氧自由基离子进攻嗪草酮初始时形成的典型中间产物。其结构可以由图 7-18(a)和(b)进行推测。从插图中的子离子扫描图可以发现,$m/z=231$ 的母离子失去 $m/z=31$ 和 59 的碎片生成了相应的 $m/z=200$ 和 172 的子离子。从图 7-18(b)的子离子扫描图中可以看出,$m/z=217$ 的母离子失去 CO 中性粒子生成 $m/z=189$ 的子离子,再继续失去一个 H_2O 中性粒子生成 $m/z=173$ 的子离子。接下来,强氧化性的超氧自由基离子继续进攻另外两个甲基,直到两个甲基都转变成羟基,检测到 $m/z=233$、219、235 和 221 的中间产物,图 7-18(c)至(f)中的子离子扫描图可以支持以上推论。然而叔丁基上这 3 个羟基在热力学上是不稳定的,并迅速脱水形成羧酸,生成 $m/z=203$ 的中间产物。图 7-18(g)中的子离子扫描图显示,$m/z=203$ 的母离子失去一个 CO 中性粒子生成 $m/z=175$ 的子离子;之后,羟基自由基参与降解并进攻三嗪环的—

NH_2 基团。在反应过程中检测到一个 $m/z=188$ 的中间物，这为 $m/z=203$ 的中间物的脱氨提供了确凿证据。图 7-18(h) 的子离子扫描图可以证实 $m/z=188$ 的母离子在失去 $m/z=15$ 和 $m/z=18$ 的碎片后生成 $m/z=173$ 和 $m/z=170$ 的子离子，$m/z=170$ 的子离子继续失去 $m/z=56$ 的碎片（$C-S\equiv CH$），生成 $m/z=114$ 的子离子。高活性的羟基自由基不断氧化中间产物，分别除去硫甲基（—S—CH_3）和羧基，直到三嗪环被打开并氧化成 $m/z=104$、46 和 61 的小有机分子。其他中间产物及子离子扫描图相关信息见图 7-18(i) 至 (m)。

另一条由羟基自由基进攻的光催化途径如图 7-17 所示。在这个机制中会发生脱硫和脱氨两种可能的途径。有研究表明，嗪草酮脱硫衍生物的形成是通过羟基自由基对—S—CH_3 基团进攻，硫原子氧化形成砜和亚砜衍生物，然后失去—S—CH_3 基团。$m/z=231$ 的亚砜结构的形成与其他研究者的结论相符。

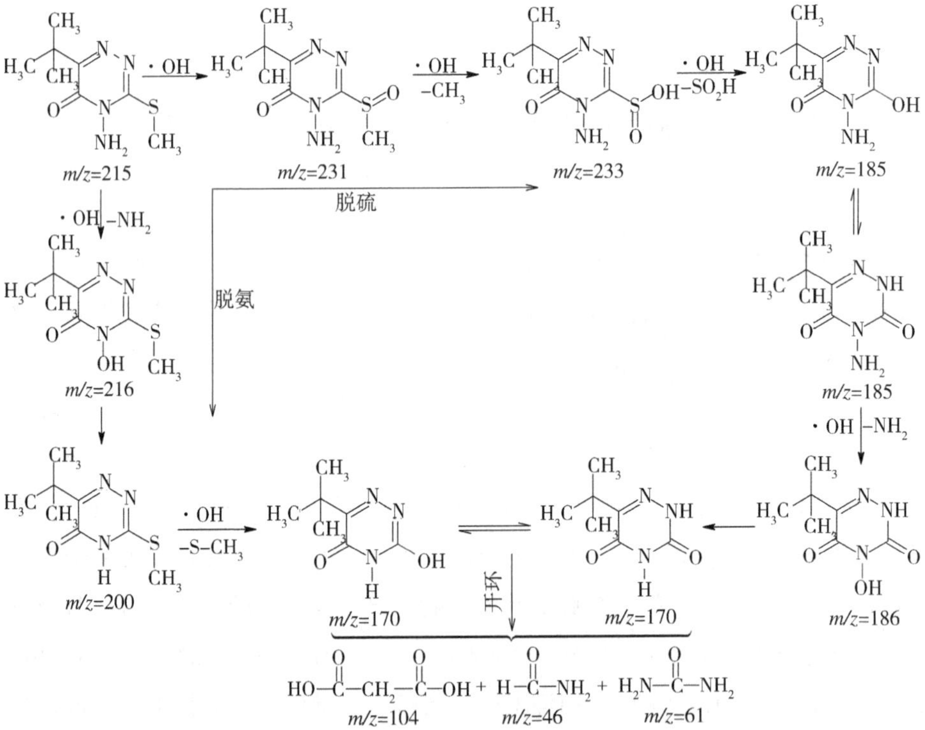

图 7-17 以羟基自由基为主要活性物种的 $TiO_2/g-C_3N_4$ 光催化剂可见光催化降解嗪草酮的途径

图 7-18(n)的子离子扫描图验证其结构,其中 m/z=216 的子离子为其脱去—NH 生成的,当再次脱去—S—CH_3 时即生成 m/z=170 的子离子。羟基自由基不断向—S—CH_3 基团进攻,直到—S—CH_3 基团被—OH 基团所取代,生成 m/z=185 的中间产物。由图 7-18(p)的子离子扫描结果可知,m/z=157 和 m/z=142 的子离子为其相继脱去—CO 和—NH 形成的。随后 m/z=186 和 m/z=170 的中间产物说明了—NH_2 基团被羟基自由基去除,见图 7-18(q)和(r)。另一条途径脱氨也可能同时发生,此时羟基自由基首先进攻—NH_2 基团,形成一个 N—OH 结构(m/z=216),迅速转化为 N—H(m/z=200)。这两个中间产物的结构可以由图 7-18(s)和(t)的插图进行推测,m/z=198 和 m/z=170 的子离子是由 m/z=216 的母离子分别失去 m/z=18 的 H_2O 和 m/z=46 的—SCH_3 之后形成的,m/z=172 和 m/z=157 的子离子是由 m/z=200 的母离子失去 m/z=18 和 m/z=43 的碎片得到的。脱氨之后再发生脱硫,其中羟基自由基将—S—CH_3 基团转化为—OH 基团(m/z=170)。脱硫和脱氨途径都在 m/z=170 处形成相同的中间产物,二级结构可见图 7-18(r),其中 m/z=153 和 m/z=127 的子离子分别是由 m/z=170 的母离子失去—OH 和叔丁基上的 3 个—CH_3 得到的。最后三嗪环被打开并产生 m/z=104、46 和 61 的小分子。基于上述结果,超氧自由基离子和羟基自由基是在 TiO_2/g-C_3N_4 光催化剂上对嗪草酮进行光催化降解的主要活性物种。在嗪草酮的三嗪环开环形成小分子的过程中,超氧自由基离子和羟基自由基都发挥了关键作用。所有中间产物信息详见表 7-2。

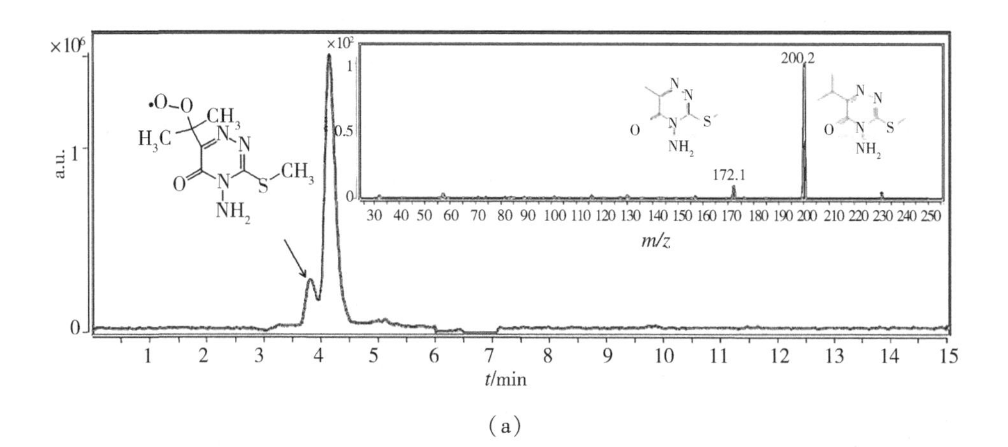

(a)

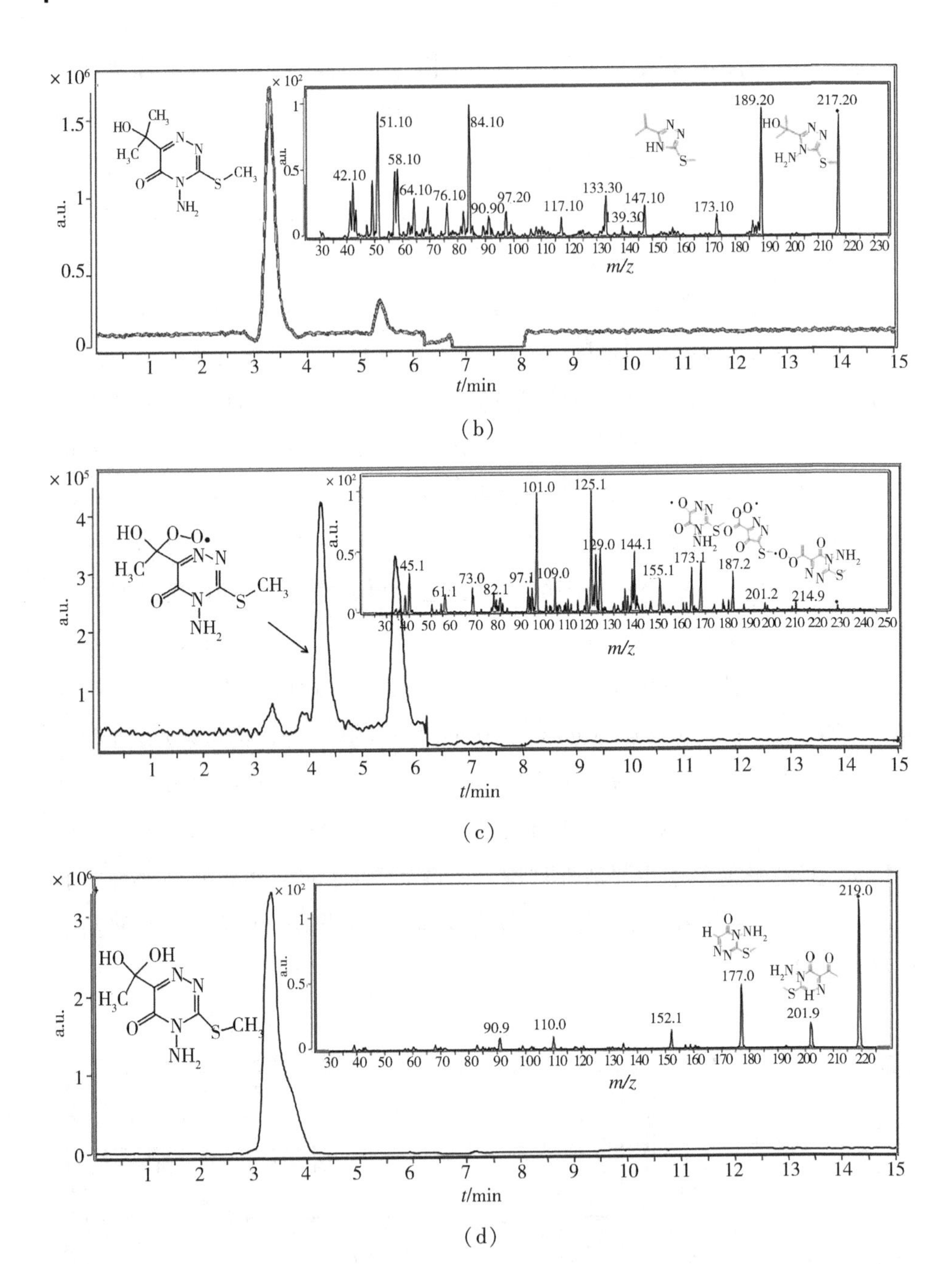

× 10⁶
a.u.
t/min
× 10²
m/z
189.20
217.20
51.10
84.10
58.10
42.10
64.10
76.10
90.90
97.20
117.10
133.30
139.30
147.10
173.10

(b)

× 10⁵
a.u.
t/min
× 10²
m/z
101.0
125.1
129.0
144.1
45.1
61.1
73.0
82.1
97.1
109.0
155.1
173.1
187.2
201.2
214.9

(c)

× 10⁶
a.u.
t/min
× 10²
m/z
219.0
177.0
201.9
152.1
90.9
110.0

(d)

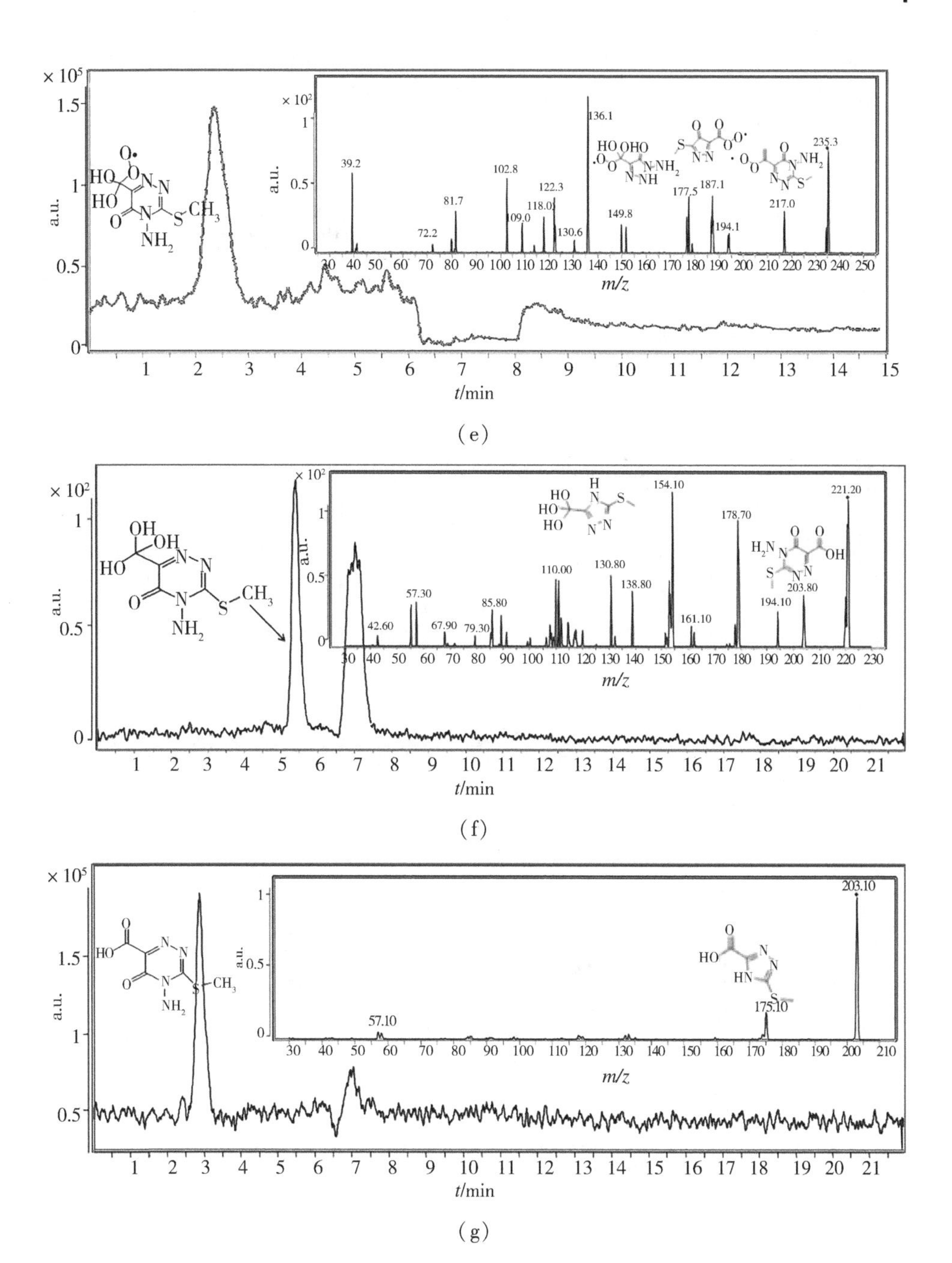

(e)

(f)

(g)

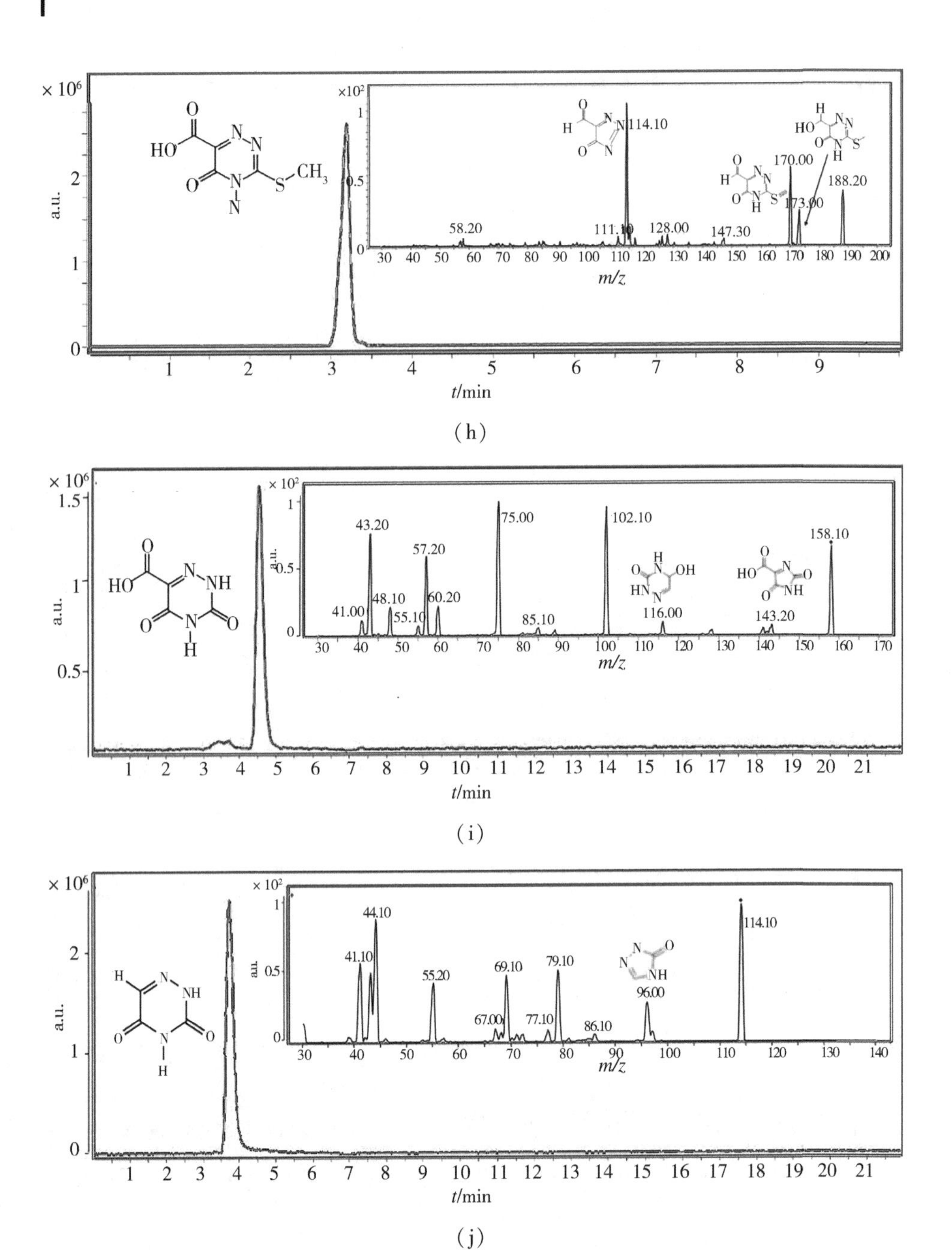

×10⁶
a.u.
t/min
×10²
m/z
114.10
170.00
173.00
188.20
58.20
111.10
128.00
147.30
43.20
57.20
75.00
102.10
158.10
41.00
48.10
55.10
60.20
85.10
116.00
143.20
44.10
41.10
55.20
69.10
79.10
67.00
77.10
86.10
96.00
114.10

(h)

(i)

(j)

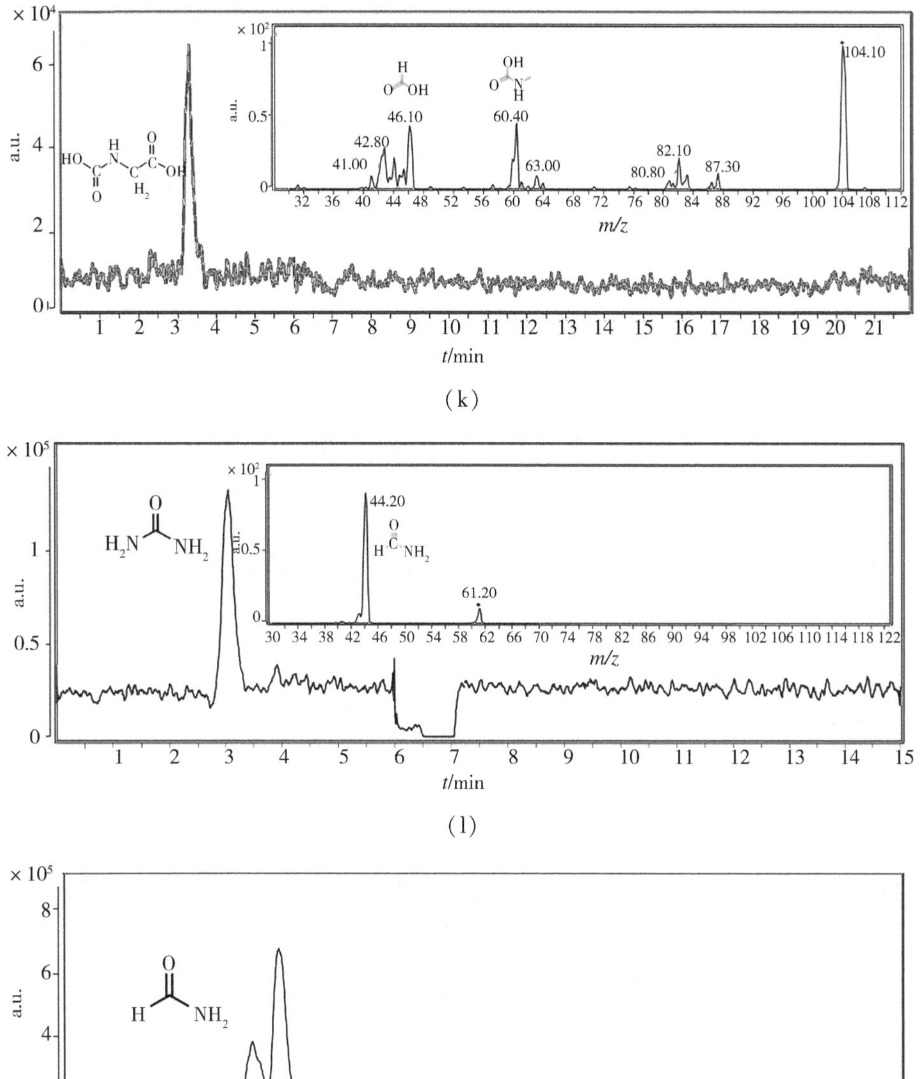
× 10⁴
a.u.
× 10²
104.10
46.10
60.40
42.80
41.00
63.00
82.10
80.80
87.30
m/z
t/min
× 10⁵
× 10²
44.20
61.20
m/z
t/min

(k)

(l)

× 10⁵
a.u.
t/min

(m)

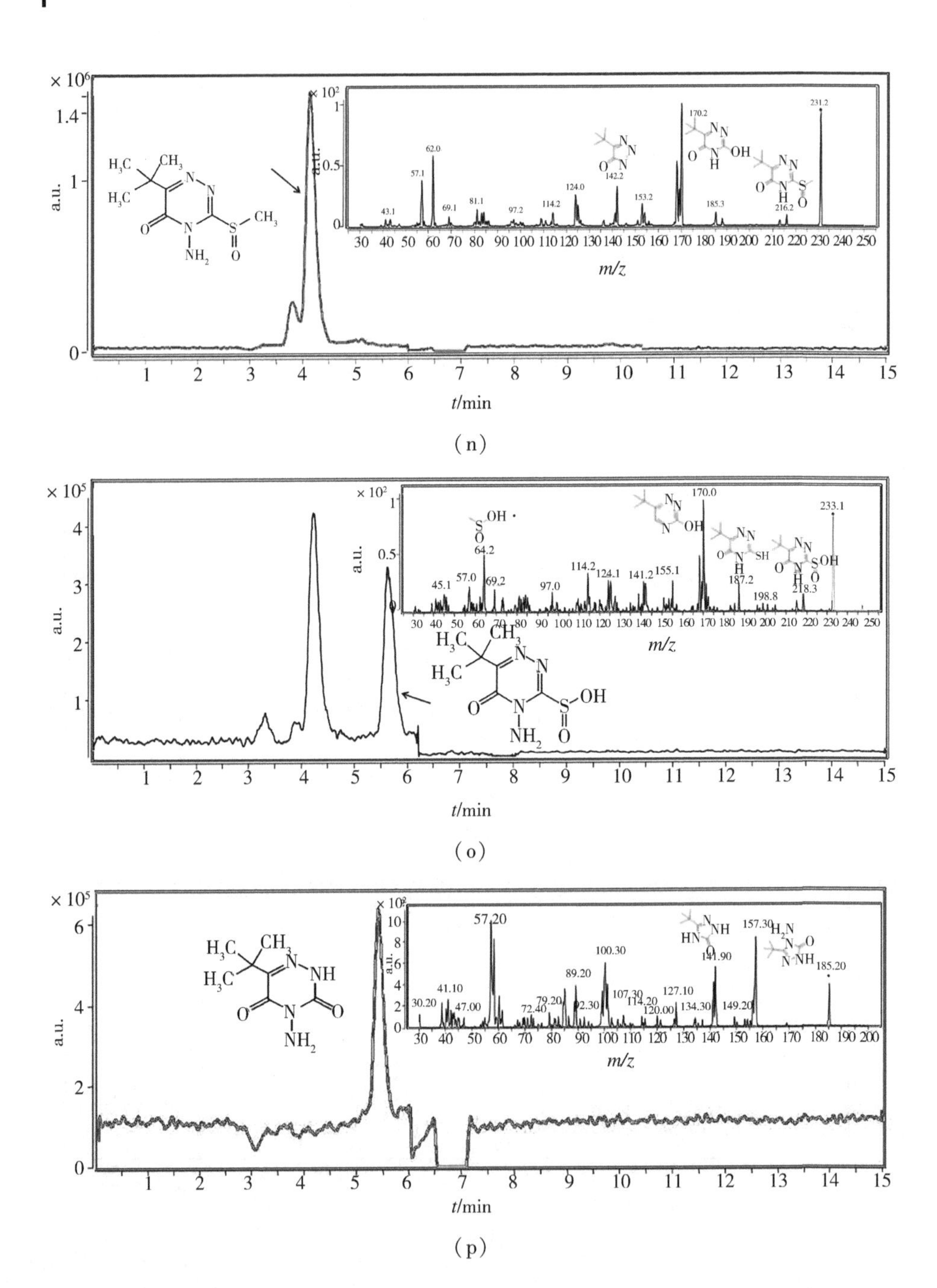

（n）

（o）

（p）

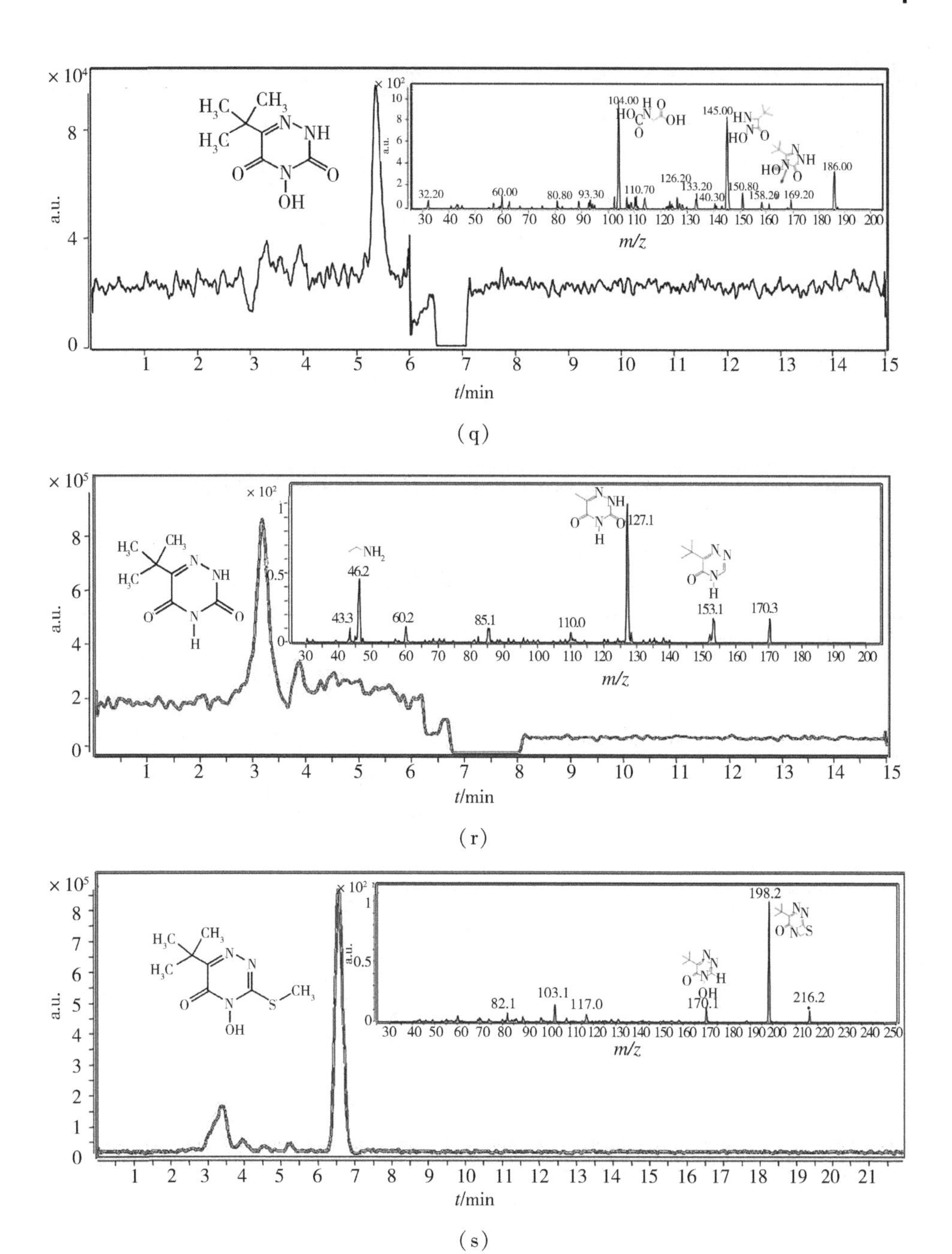

× 10⁴
a.u.
t/min
m/z
104.00
145.00
186.00
(q)
× 10⁵
127.1
153.1
170.3
46.2
(r)
× 10⁵
198.2
216.2
170.1
(s)

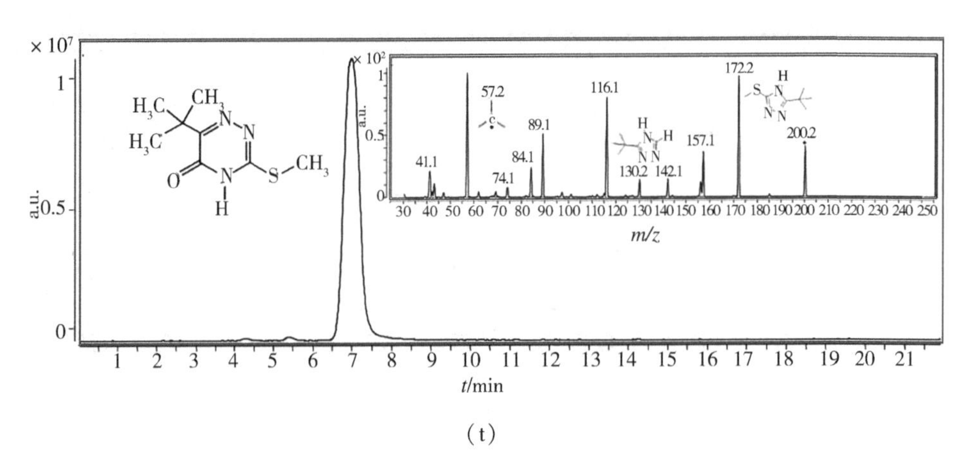

(t)

图 7-18 嗪草酮降解过程中间产物的提取质量色谱图及子离子扫描图(插图)

表 7-2 高效液相色谱-质谱联用法鉴别的中间产物

保留时间/min	质核比(m/z)	峰值强度/(10^3 cps)	碎片结构	分子式
4.40	231	1.5×10^3	·O–O H_3C N N N O N S CH_3 NH_2 +H^{+}	$C_7H_{12}N_4O_3S^+$
3.45	217	1.7×10^3	HO CH_3 H_3C N N N O N S CH_3 NH_2 +H^{+}	$C_7H_{13}N_4O_2S^+$
4.45	233	4.3×10^2	HO O–O· H_3C N N N O N S CH_3 NH_2 +H^{+}	$C_6H_{10}N_4O_4S^+$
3.50	219	3.4×10^3	HO OH H_3C N N N O N S CH_3 NH_2 +H^{+}	$C_6H_{11}N_4O_3S^+$

续表

保留时间/min	质核比（m/z）	峰值强度/（10^3 cps）	碎片结构	分子式
2.50	235	1.5×10^2	$+H^+$	$C_5H_8N_4O_5S^+$
5.55	221	0.12	$+H^+$	$C_5H_9N_4O_4S^+$
2.85	203	1.9×10^2	$+H^+$	$C_5H_7N_4O_3S^+$
3.07	188	2.6×10^3	$+H^+$	$C_5H_6N_3O_3S^+$
4.55	158	1.5×10^3	$+H^+$	$C_4H_4N_3O_4S^+$
3.70	114	2.5×10^3	$+H^+$	$C_3H_4N_3O_2^+$
2.76	104	64.0	$+H^+$	$C_3H_7NO_4^+$

续表

保留时间/min	质核比(m/z)	峰值强度/(10^3 cps)	碎片结构	分子式
2.67	46	6.8×10^2	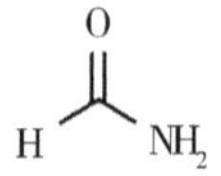 +H^+	CH_4NO^+
3.20	61	1.3×10^2	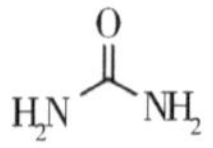 +H^+	$CH_5N_2O^+$
4.35	231	1.5×10^3	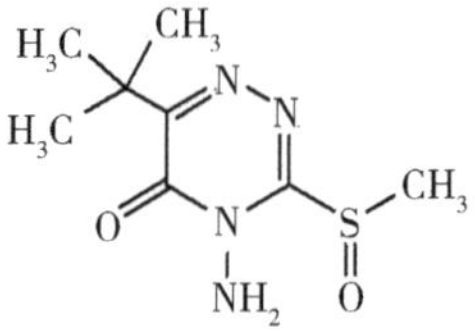 +H^+	$C_8H_{15}N_4O_2S^+$
5.80	233	3.4×10^2	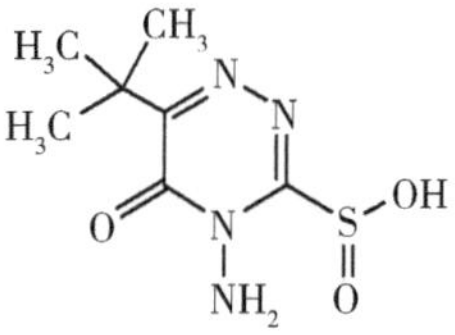 +H^+	$C_7H_{13}N_4O_3S^+$
5.50	185	6.3×10^2	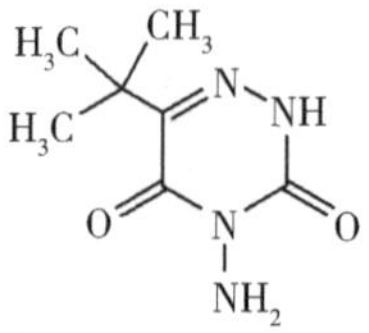 +H^+	$C_7H_{13}N_4O_2{}^+$
5.45	186	9.0×10^1	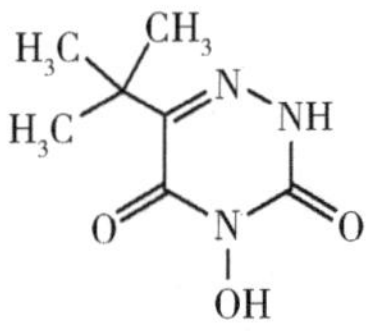	$C_7H_{12}N_3O_3{}^+$
3.35	170	8.5×10^1	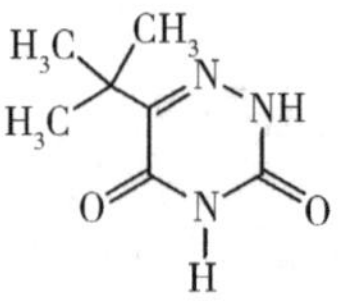 +H^+	$C_7H_{12}N_3O_2{}^+$

续表

保留时间/min	质核比(m/z)	峰值强度/(10^3 cps)	碎片结构	分子式
6.65	216	9.0×10^2	+H^+	$C_8H_{14}N_3O_2S^+$
7.15	200	1.1×10^4	+H^+	$C_8H_{14}N_3OS^+$

为了考察嗪草酮降解过程中超氧自由基离子和羟基自由基两个活性物种协同作用的机制，我们对两条降解路线的特征中间产物演变趋势进行了追踪，如图 7-19(a)和(b)所示。所有的中间产物在光照 4 h 期间都呈现了先增加后减少的趋势，当趋近于 4 h 时含量都明显降低，说明其实现了矿化。对于超氧自由基离子降解路线，$m/z=231$ 的中间产物离子含量在 90 min 即快速达到了最高，而羟基自由基降解路线均是在 120 min 后含量才达到最高，产物含量也缓慢增长，说明光催化开始为超氧自由基离子最先进攻嗪草酮，引发降解，羟基自由基则在后续的步骤实现矿化。从图 7-19(b)中还可以看出，$m/z=231$ 的中间产物比 $m/z=216$ 的更早达到峰值，说明羟基自由基降解路线中脱硫为首要步骤。

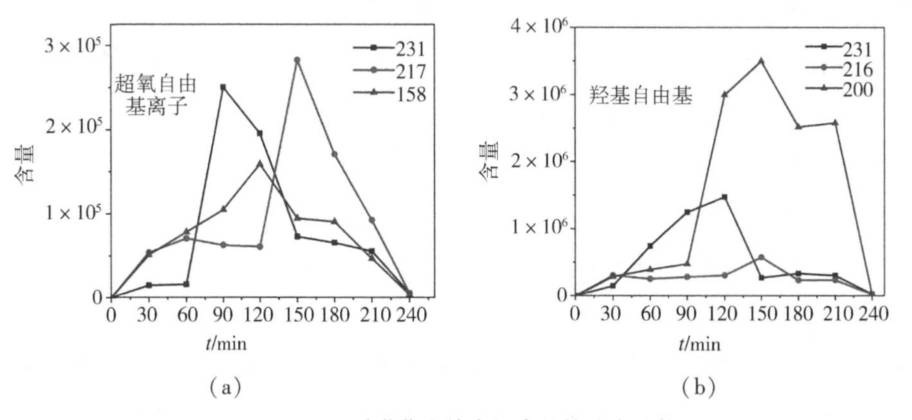

图 7-19　质谱鉴定的中间产物的演变趋势

7.3 小结

本章中系统比较了磷酸修饰促进氧吸附、构建 Z 型结构及引入合适的能级平台等电荷调控策略对 g-C_3N_4 基光催化剂光催化活性、降解机制及路线的影响。结果表明,引入具有合适的能级平台的策略表现出最好的催化降解活性,是纯 g-C_3N_4 样品的 6 倍。基于光物理和化学机制的研究结果表明,TiO_2/g-C_3N_4 复合体活性提高可归因于 TiO_2 平台有效维持了电子的热力学还原能力且促进了电荷分离,从而诱导了羟基自由基和超氧自由基离子协同降解嗪草酮的双自由基进攻路径。而纯 g-C_3N_4 样品则是单一的羟基自由基进攻路径。通过中间产物分析得知,超氧自由基离子在光催化初始对引发降解起到了关键的作用,羟基自由基对嗪草酮的后续矿化起着重要作用,二者互相协同有效地提高了可见光降解活性。这项工作揭示了电荷分离和自由基对降解路径影响的重要性,并为高效光催化剂的设计提供了指导。

参考文献

[1]DE BARROS A L C, DA SILVA RODRIGUES D A, DA CUNHA C C R F, et al. Aqueous chlorination of herbicide metribuzin: Identification and elucidation of "new" disinfection by-products, degradation pathway and toxicity evaluation [J]. Water Research, 2021, 189: 116545.

[2]CHEN F, MA T Y, ZHANG T R, et al. Atomic-level charge separation strategies in semiconductor-based photocatalysts[J]. Advanced Materials, 2021, 33 (10): 2005256.

[3]WANG X C, MAEDA K, THOMAS A, et al. A metal-free polymeric photocatalyst for hydrogen production from water under visible light[J]. Nature Materials, 2009, 8(1): 76-80.

[4]LI X W, WANG B, YIN W X, et al. Cu^{2+} modified g-C_3N_4 photocatalysts for visible light photocatalytic properties[J]. Acta Physico-Chimica Sinica, 2020, 36(3): 1902001.

[5]LIU C, JING L Q, HE L M, et al. Phosphate-modified graphitic C_3N_4 as efficient photocatalyst for degrading colorless pollutants by promoting O_2 adsorption [J]. Chemical Communications, 2014, 50(16): 1999-2001.

[6]LUAN Y B, JING L Q, XIE Y, et al. Exceptional photocatalytic activity of 001-facet-exposed TiO_2 mainly depending on enhanced adsorbed oxygen by residual hydrogen fluoride[J]. ACS Catalysis, 2013, 3(6): 1378-1385.

[7]ZHANG X L, ZHANG X X, LI J D, et al. Exceptional visible-light activities of g-C_3N_4 nanosheets dependent on the unexpected synergistic effects of prolonging charge lifetime and catalyzing H_2 evolution with H_2O[J]. Applied Catalysis B: Environmental, 2018, 237: 50-58.

[8]WU Y Q, GAO F, WANG H M, et al. Probing acid-base properties of anatase TiO_2 Nanoparticles with dominant {001} and {101} facets using methanol chemisorption and surface reactions[J]. The Journal of Physical Chemistry C, 2021, 125(7): 3988-4000.

[9]ZHANG P, WANG T, CHANG X X, et al. Effective charge carrier utilization in photocatalytic conversions[J]. Accounts of Chemical Research, 2016, 49(5): 911-921.

[10]ANTONOPOULOU M, KONSTANTINOU I. Photocatalytic treatment of metribuzin herbicide over TiO_2 aqueous suspensions: Removal efficiency, identification of transformation products, reaction pathways and ecotoxicity evaluation [J]. Journal of Photochemistry and Photobiology A: Chemistry, 2014, 294: 110-120.

[11]PLIMMER J R, KEARNEY P C, KLINGEBIEL U I. Photochemical desulfurization of methylthio-s-triazines[J]. Tetrahedron Letters, 1969(44): 3891-3892.

[12]PAPE B E, ZABIK M J. Photochemistry of bioactive compounds. Photochemistry of selected 2-chloro-and 2-methylthio-4,6-di (alkylamino)-S-triazine herbicides[J]. Journal of Agricultural and Food Chemistry, 1970, 18(2): 202-207.